AI梦工厂

智能机器人基础

汤嘉敏 邹亮梁 著

上海教育出版社
SHANGHAI EDUCATIONAL
PUBLISHING HOUSE

序

　　"你长大了想当什么？" 每一位同学几乎都回答过这个经典的问题。那些梦想当科学家、发明家的同学，你们是不是也梦想创造一个属于自己的机器人？机器人实在太有魅力了。无论是《机器人总动员》里的瓦力、伊芙，还是《银河系漫游指南》中出现的小机器人，它们用"语言"交流，用灵巧的肢体完成各种任务，用"实力"改变了人们的工作和生活。而这一切，都源于它们拥有一个发达的"大脑"。随着科学技术的不断发展，人工智能技术的应用也使机器人的"大脑"越来越智能化。目前，智能机器人已经开始担任银行大堂经理、超市收银员、餐厅服务员等角色。相信在不久的将来，智能机器人技术会应用到我们日常生活的方方面面，会改变我们现在的学习、工作、生活。

　　《智能机器人基础》犹如为同学们打开了一扇通往机器人世界的大门，它将引导你们带着好奇、带着想象，享受"学中做、做中学"的乐趣，不断地在实践中探究，在探究中实践。本书通过知识讲解和动手操作相结合的形式，向同学们全面介绍人工智能和智能机器人的概念、技术的发展、现状与应用场景，并一步步地教同学们自己动手，学习搭建智能机器人的工具、方法、步骤流程，以及如何编写程序，以实现指令对机器人的控制，让机器人乖乖地听你的指挥。本书通过许多深入浅出的应用实例帮助同学们真正地理解、掌握所学的知识和技能。在这里，同学们收获的将不只是课本上的理论知识；还可以在活动过程中提高自身的动手能力和创造能力，培养表达能力、逻辑思维能力以及对所学知识的运用能力。本书将开启你们对未来世界酷炫科技的无限期待与向往，你们会惊喜地发现：原来创造一个智能机器人的梦想并不像你们曾经想象的那样遥不可及。"梦想一旦被付诸行动，就会变得神圣"。

　　现今，信息技术日新月异。智能机器人技术与人工智能、互联网、大数据、云计算等先进技术深度融合，迭代创新、高速发展。中国已经成为全球最大工业机器人市场，智能机器人技术的发展需要更多的人才，书本前的你们，就是这些人才力量的后备军。希望你们打开本书的同时，也是你们在智能机器人知识海洋里扬帆起航之时，愿你们乘风破浪，直济沧海，将来成为中国智能机器人技术的中坚力量，使中国的智能机器人技术和产业发展走向全世界。

郝玉成

中国机器人产业联盟秘书长

机器人、人工智能、大数据、深度学习、云计算、IoT（物联网）、AR（增强现实）、VR（虚拟现实）等科技名词已经不再是高等学府专用的学术用语了，它们已经成为很多青少年日常讨论的话题。曾几何时，那些只有在科幻小说和电影中才会出现的各种犹如魔法般奇妙的高科技，如今离我们的生活已经越来越近了。

人们可能会问，未来的智能机器人会是什么样子？它们如何实现智能化呢？

其实，传感器、执行器以及能够处理传感器感知的信息并指导执行器进行操作的处理器是智能机器人必不可少的组成部分。可以根据不同的需求为智能机器人配备各种类型的传感器和执行器以完成不同的任务。

为了尽可能让学生在充分理解的基础上揭开这个谜团，本书以一个成品机器人"小曼"为蓝本为大家进行剖析讲解。本书的程序实现以模块化为主，学生在理解的基础上只需作一些简单的修改，就可以将小曼机器人的功能根据自己的需求进行配置和调整。在完成本书所有的程序范例后，一个完整的机器人也就轻松地搭建完毕了。

本书重点及特色如下：

（1）本书以Arduino开发板为主控板，配合其他一些外接元器件来完成机器人的各项功能。

（2）借助Arduino提供的IDE编程环境，以C语言为基础进行机器人程序的开发。

（3）第一章介绍智能机器人，第二章介绍C语言及Arduino开发板。

（4）第三章到第十一章对机器人"小曼"的身体构造及功能进行介绍。每章包括基本原理、实验材料、基本连接图、代码实现和解释、实践与思考等几个部分。

（5）各章之间的代码由浅入深、逐章递进，从基本命令和函数到自带类库、外部导入类库等。

本书由笔者指导学生制作机器人的实践经验汇总而成，从程序的编写、电路的搭建、

LED灯的点亮到直流电机与舵机的控制、LCD显示屏的控制、语音的识别与合成等都有一套系统完整的流程。学生还可以购置本书配套的卡纸机器人套装，动手组装并开发一个属于自己的机器人。

最后，希望学生通过学习本书的内容能激发动手实践的激情和创造力。在动手制作机器人的过程中，不仅要关注机器人的结构和编程语言的实现，同时还要把学到的知识与生活中的实践相结合，仔细观察、认真研究，真正做到学以致用。

目 录

第一章

智能机器人概述

一、人工智能

《星球大战》《终结者》《变形金刚》《机械公敌》《机器人总动员》这些经典的科幻电影大家一定都不陌生。这些电影中出现的由科幻作家预测的许多人工智能技术和机器人技术虽然尚未完全进入人们的日常生活中，但近两年来这些技术的发展速度却委实令人咋舌。从谷歌接近同传效果的机器翻译到几乎零失误的无人驾驶汽车，从国际商业机器公司（IBM）的医疗诊断专家"沃森医生"到意大利钢琴演奏机器人特奥（Teo）。旅游业、服务业、金融业，这些技术能够涉及和应用到的领域越来越多，甚至在律师行业里，人工智能律师CaseCruncher Alpha也已轻松击败100名来自剑桥法律系高才生的联合挑战。更令人惊讶的是，在2017年10月25日利雅得未来投资峰会上，人形机器人"索菲亚"被授予沙特阿拉伯公民身份，成为第一个拥有地球公民身份的机器人。人工智能和机器人技术的发展日新月异，让人眼花缭乱、目不暇接。

（一）人工智能的研究方向

人工智能（Artificial Intelligence）是计算机科学的一个分支，它着重研究机器的自我学习以及如何让机器自动实现人类的智能行为。换句话说，人工智能的实现必须以计算机程序开发作为手段，它更偏重于算法。人们试图借助算法让机器再现人类的感知、学习、推理、规划和决策等行为，同时还具备理解语言、逻辑演绎和社交等能力。

随着对人工智能研究的深入，人们对"智能"一词的争议也越来越大。因为人类的智能还涉及诸如精神、意识、自我、灵感、审美等抽象概念。人们已经越来越认识到，在没有完全清楚人类自身"智能"的情况下，想要创造出真正可以"思考"的机器是不现实的。因此，眼下对人工智能的研究除了核心的计算机科学外，其范围已经扩展到数学、逻辑学、传播学、语言学和神经科学等领域，甚至心理学和哲学也被其纳入研究范围。

（二）人工智能的分类

由于人工智能的研究领域非常广泛，在无法给人工智能进行精确定义的情况下，暂且只能将人工智能笼统地分为**弱人工智能**与**强人工智能**两类。目前，人们常见的都是弱人工智能。这种智能专注于人类思维的某种具体应用，或者说是通过使用数学和计算机科学的方法来模拟人类的智能行为。与弱人工智能相比，强人工智能具有自我意识和更深层次的学习能力以及理解能力，它不仅可以完全像人类一样进行思考，还可能会建立和人完全不一样的知觉和意识体系，使用完全不同于人类的推理方式。如果这样的强人工智能产生了，就真正印证了有"计算机之父"和"人工智能之父"之称的阿兰·麦席森·图灵的预言："人工智能能够完成人类智能可以完成的任务，至于它完成任务所用的思维方式、实现的方法、运行的过程可能与人类大相径庭。"

（三）人工智能的应用

人工智能在人们日常的学习、工作和生活中正被广泛应用于各个领域。例如，人工智能算法可以被应用于百度、谷歌等搜索引擎，天猫、京东、亚马逊等推荐引擎，机器翻译、智能家居设备、语音识别、人脸识别、无人驾驶汽车、保障道路交通安全的视觉监控系统、医疗诊断使用的专家系统和智能机器人，等等。请你大开脑洞，想一想现实生活中还有哪些具体的人工智能使用案例。

二、智能机器人

前文简要介绍了什么是人工智能、人工智能的研究领域、人工智能的分类以及它在现实生活中的广泛应用。接下来，我们一起来认识智能机器人。

谈智能机器人之前不得不先了解一下什么是机器人。其实，人们对机器人并不陌生，但究竟是什么使机器人成为人们口中所说的"机器人"，而不仅仅是一台人形机器呢？

（一）什么是机器人

"机器人"（Robot）一词来自捷克语Robota，原意是农奴或奴隶。它最早于

20世纪20年代被一位捷克作家卡雷尔·恰佩克（Karel Capek）用在他的科幻舞台剧《罗梭的万能工人》中。机器人其实跟"人"没有太大的关系，只不过最初它被制作成了人类的样子。后来，一切通过编程来模拟人类的肢体、行为、思想，包括模拟其他生物的机器（如机器狗、机器小鸡等）也都被统称为机器人。

人类对机器人的使用已经有很多年，特别是在工厂里，主要使用的机器人类型是机械手或机器人手臂，它们可以不知疲倦地重复拾取和放置精细物体或重物，还可以使用工具精准完成焊接、组装等任务。

然而，一直以来人们常常会混淆自动化装置、机器人、人工智能等概念。有些人会将无人干预却能自动进行操作或控制的机器或装置当作机器人；有人觉得机器人是人工智能的一部分，甚至有人认为它们是同一种东西。想要了解清楚这些概念，就得先解决之前提到的问题，即到底是什么让机器变成了机器人？

（二）机器人 VS 自动化机器

首先要明确的是，机器人是一种机器，既然是机器那就具有一定的机械结构。同时，它们又是一种可编程的机器。那么，仅仅是可编程的机器就是机器人了吗？答案显然是否定的。最初发明建造可编程的机器是因为人们在做很多重复劳动时会感到无聊、分心或疲惫，从而容易出错或发生危险。例如，长时间反复拾取、移动重物等行为。工程师对机器进行编程，使它们可以在无人干预的情况下按照程序指令自动完成这些重复操作。然而，这样的机器充其量也只能被称作可编程自动化装置。这种装置的缺点在于：它只会执行程序中预设的操作，不会对其他事件作出反应，除了切断电源。

机器人的一个关键特征是它们能够与周围的世界产生互动。它们不但能够对周围世界发生的事件作出一定程度的响应，甚至还能通过自己的行动改变周围世界。因此，构成机器人最重要的因素就显而易见了。

首先，**感知能力**是机器成为机器人的第一要素，也是其他因素的基础。通过传感器，机器人可以感受周围的环境，采集需要的信息。例如，常见的摄像机、测速雷达、GPS等都是传感器，在以后的章节中我们会对常用的传感器进行详细的介绍。

其次，机器人需要具备**认知能力**，只有具备这种能力，机器人才有针对实际情况采取行动或作出适当反应的依据。我们暂时可以把这种能力简单地理解为识别能力。机器人需要对采集到的信息进行精准的识别才知道接下来是否要作出反应，要作出什么样的反应。举个简单的例子，一辆无人驾驶汽车通过摄像机采集到一块路边限速50千米/时的标志牌，机器人依靠识别能力能够识别出这是一块交通标志牌，而不是一块广告牌。除此之外，它还必须识别出这是一块限速50千米/时的交通标志牌，而不是一块80千米/时的限速牌或其他交通标志。机器人的认知能力是通过认知算法来实现的，认知能力的高低也是判断机器人是否智能的标准之一。

有了精准的认知能力作为支撑，机器人通常能够自主或半自主地通过操纵执行器完成一系列动作。上述例子中的无人驾驶汽车就可以操纵方向盘、加速器、制动器等。但是，有些情况下机器人并不是完全自主或半自主的。例如，遥控潜水器是一个无人驾驶的水下航行器，通过电缆连接到母船，完全由母船上的人员进行操作控制。遥控潜水器通常会搭载水下光源、照相机、摄影机、机械手臂和声呐等装备。因为它具有机械手臂，所以也被称为水下机器人。遥控机器人被归类为机器人的一个分支，这也是机器人的定义不清楚，经常会引起争议的一个例子。

综上所述，可以将机器人系统理解为能够使用传感器感知环境，通过算法实现对事件的认知，并制定响应计划执行一系列动作的机器或装置。这种自动感知、认知和行动的反馈循环（见图1-1）就是机器人与其他自动化机器的根本区别。

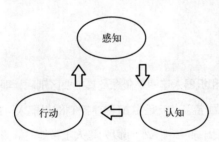

图1-1 机器人的感知、认知、行动反馈循环

（三）机器人 VS 人工智能

遗憾的是，机器人技术发展至今，科学家依然没能为机器人给出确切的定义。有人说机器人必须具备人类的思考能力并且能够作出判断和决定。但是，对"机器人思考"进行标准化定义又是一个异常困难的问题。不管如何对机器人进行定义，都会涉及机器人的机械构建、电子电路设计以及软件编程。所以，机器人技术实际上是由机械工程、电气工程和计算机科学组合而成，而一直容易跟机器人技术混淆的人工智能技术，其研究领域只是部分与机器人技术重叠而已。

人工智能和机器人属于两个不同的领域，人们之所以容易将这两个概念混为一谈，可能是因为智能机器人的出现。为了更好地理解和掌握人工智能、机器人和智能机器人这三个概念以及它们之间的相互联系，接下来将对其进行详细的描述和比较。

大多数人工智能的算法程序其实并没有用来控制机器人。即使在智能机器人中，人工智能的算法用于机器人控制也只是机器人系统的一部分，因为整个机器人系统还包括许多非人工智能传感器、执行器和非人工智能控制部分的编程。

一般来说，人工智能都会涉及一定程度的机器学习，它的算法会通过某种"训练"机制对特定输入进行特定方式的响应。人工智能编程与传统编程的关键区别在于"智能"。非AI程序只是执行程序员编制的指令序列，而AI程序可以用来模仿一定程度的人类智能。

现在让我们来总结一下机器人系统与其他人工智能程序的区别。机器人由程序控制，能够自主或半自主地运作。通常它们以语音声波或图像形式即模拟信号作为输入。它们的正常运行必须借助传感器、执行器等硬件。人工智能程序通常运行在计算机的虚拟世界中，它的输入通常是符号和规则集。目前，对人工智能程序进行操作通常需要使用通用计算机。

（四）智能机器人

在理解人工智能和机器人这两个概念及其主要区别后，理解智能机器人就容易多了。智能机器人，顾名思义就是由AI程序控制的机器人，机器人成为人工智能程序运行的平台和载体。许多被人们误以为是人工智能的机器人，其实很多都算不上真正的人工智能。例如，工业机器人被编程后能够执行重复的一系列动作，但正如之前提到的，重复动作不需要人工智能技术。通用机器人可以实现的功能是有限的，因为它们没有独立的"学习"和"思考"能力。不具备这些能力，机器人就没有办法执行更复杂的任务。想要让机器人应对更复杂的情况、执行更复杂的任务就需要人工智能技术的支持。由此可见，智能机器人集生物、机械、电子、材料、传感、控制、软件算法等多个领域的先进科技于一身。智能机器人的研发制造能力从某种意义上来说也反映了国家的综合科技实力。

下面我们通过两个简单的例子，进一步加深对非人工智能机器人和人工智能机器人的理解。我们先来设想这样一个场景：小曼玩了一整天累了想上床睡觉，妈妈希望小曼在睡前能整理好房间，可是小曼的房间实在太乱，玩具、书本、画笔满地都是。这时，当下非常火爆的协作机器人（简称cobot）亮相了。它可以非常轻松地与小曼完美协作，一起把房间整理好。例如，小曼只需负责把地上的东西捡起来交给cobot，而cobot通过传统编程可以把小曼交给它的书本、玩具或画笔放到指定的位置或收纳箱内。接下来，cobot将继续以完全相同的方式从小曼那里接收并放置物品，直到将其关闭。这是一种典型的自主行为，因为cobot在编程后就不再需要任何人为干涉了。但这样的自主行为并不需要任何人工智能技术。

为了让小曼更轻松地完成整理房间的任务，具有初级人工智能技术的机器人隆重登场了。首先，可以为cobot配备高速摄像头和强大的处理器，使它具备更加敏锐的视觉感知能力和快速运算能力。但是，只有硬件上的升级是远远不够的，还必须要有AI算法的支持。有了人工智能技术的支持，cobot不但可以规划出完美高效的行走路径，还可以识别出它所拾取的物品到底是书本、玩具还是画笔，同时还可以将拾取到的物品进行分类，放置到不同的位置或不同的收纳箱内。当然，这还会涉及专业的视觉训练，用以提高识别不同类型物品的精确度。这种方法就是模拟匹配的人工智能算法。

读者可以再想象一下，能不能直接对机器人发出语音指令，告诉它哪个房间需要整理，整理时把哪些书先收拾好，哪些玩具暂时先不用收拾？那么，这样的机器人是不是智能机器人呢？

三、机器人的发展史

在理解了自动化装置、机器人、人工智能和智能机器人之间的区别后，进一步了解"机器人"的发展史，将有助于读者对机器人有更深刻的理解。本节所介绍的机器人并不是上一节内容中所定义的机器人，而是从最初出现的自动化机械一直到现代智能机器人的统称。

早在西周穆王时期，偃师已能制作出"能歌善舞"的木质机关人。到了公元前350年，希腊数学家阿尔库塔斯也制造出了自走式蒸汽动力木头鸽子。中国汉末魏晋时期出现了记里鼓车（见图1-2），记里鼓车每行一里击鼓一下，每行十里击钟一下。

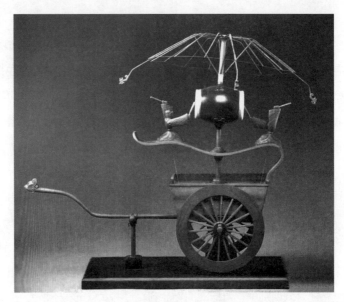

图1-2 记里鼓车模型

1939年，美国纽约世博会上展出了西屋电气公司制造的家用机器人Elektro。它由电缆控制，可以行走，而且能说出77个字，甚至可以抽烟。1954年，乔治·德沃尔制造出世界上第一台可编程的机器人"尤尼梅特"。1959年，德沃尔与发明家约瑟夫·恩格尔伯格（被称为"机器人之父"）研制出了世界上第一台工业机器人。

到了近现代，由于机器人技术的高速发展，各种机器人已经彻底融入人们的日常生活，成为不可或缺的一部分。例如，扫地机器人、安防机器人、物流机器人、手术机器人、海底光缆修复机器人，等等。

发展至今，大致可以归纳为机器人经历了三个时代。第一代机器人属于简单的示教再现型机器人，这类机器人需要事先为其编制固定动作顺序或动作路径，然后，它们可以不断地重复这些动作。这类机器人没有"感觉"，也没有"认知"。因此，第一代机器人并不能算是严格意义上的机器人，充其量只能算作自动化机器装置。第二代机器人可以被称为感知机器人。和第一代机器人相比，感知机器人具备了一定的感觉能力，可以获取一定的外界环境和操作对象的信息，可对外界环境的变化作出认知和判断，并相应调整自己的动作。因此，这类机器人也可被称为自适应机器人。第三代机器人是智能机器人。它不但拥有第二代机器人的感知功能和一定的自适应能力，而且能充分识别工作对象和工作环境，并能结合给定的指令和自身训练及学习经验给出判断结果，自动确定与之相适应的动作。这类机器人目前仍处于研究探索阶段。

四、人工智能和机器人的应用领域

毫无疑问，未来的机器人会越来越智能化，它们将改变社会，成为智能家居、智慧城市和智能产业不可或缺的一部分。未来，人工智能技术和机器人技术的应用领域主要包括：

智能汽车：国家发改委给出的权威定义是指通过搭载先进传感器、控制器、执行器等装置，运用信息通信、互联网、大数据、云计算、人工智能等新技术，具有部分或完全自动驾驶功能，由单纯交通运输工具逐步向智能移动空间转变的新一代汽车。智能汽车通常也被称为智能网联汽车、自动驾驶汽车、无人驾驶汽车等。智能汽车大大提高了传统汽车的自主水平，使行车更舒适、更安全高效，减少交通拥堵，大幅度缩短旅程时间。

智能仿生设备：随着人口老龄化趋势的加快，仿生技术和仿生设备也在迅速发展。例如，外骨骼和脑机接口（Brain-Computer interface，BCI），这种接口通过使用遍布于脑部的电极传感器来接收大脑发出的驱动肢体去完成某个动作的神经信号，再把这些神经信号转化成数字信号控制外骨骼运动。与此同时，外骨骼再把运动信号（如触感等信号）反馈给大脑。经过不断的训练，人脑就可以通过想象去控制外骨骼甚至其他机械，从而帮助行动有障碍的老人更方便地独立生活。

手术机器人：这是一种轻量级的机器人手术辅助系统，外科医生并不直接操作手术器械，而是通过直接遥控操纵器或是通过远程操纵器来控制机器人手臂及其末端执行器对患者执行实际手术。它能够克服先前微创外科手术存在的局限性，提高外科医生的技能，消除震颤，并在精细组织上使用微尺度力量，远远超出人类的精确度。与此同时，手术机器人的另一个优点是外科医生可以不在手术现场，甚至可以在世界的其他地方进行远程手术。

核退役机器人：在世界各地运行的几百个核反应堆中，有一半以上已经达到或即将达到其使用寿命，这些核设施的退役和清理已成为一项具有较高挑战性的任务。因此，核退役机器人必须具备精确的测绘和导航能力，能够通过学习适应高辐射环境，不断完善视觉引导的抓取、操纵和切割等功能，从而更高效地完成核退役、核废料处理和现场监测等任务。

海洋机器人：将智能机器人技术应用于海洋机器人方面也有着巨大的潜力。它可以广泛用于海岸线监测、实时采集海水温度、含盐度、pH值等，帮助人们了解和掌握近海的环境污染情况。利用声呐图像感应器，机器人还可以检测到靠近海岸的鲨鱼，即时报警。

我们知道，海底富含稀有金属，如铂、钴等。到目前为止，这些海洋矿产资源都没有得到足够的开发。因此，海洋机器人可用于深海探测和深海采矿，还能用于检查和维护海底的基础设施。例如，石油钻塔周围的管道安全、海底电缆的维护等。同时，海洋巡视、情报侦察也是海洋机器人的"拿手好戏"。它们可以实时收集水中和水上的情报，并将采集到的信息传递给母舰。装有扫雷设备的海洋机器人甚至还可以在水下搜索和排除，甚至引爆水雷。

太空探索机器人：太空环境非常特殊，在那里宇航员随时会面临各种严峻的挑战。有了智能机器人的助力，宇航员完成太空任务的难度将大幅度下降。在空间站，智能机器人会倾听并回答宇航员提出的问题，为宇航员提供有用的信息，还可以与宇航员进行社交互动，减轻宇航员的工作压力。同时，智能机器人还能协助宇航员出色地完成舱外任务，降低宇航员出舱的风险。除此之外，那些系统稳定、工程处理能力强、自主性强的太空探索机器人还可以从遥远的毗邻星球把探测收集到的珍贵科学数据带回地球。由此可见，人工智能技术、机器人技术也将成为未来太空探索的关键因素。

智能农场：机器人可以帮助农业产业解决长期存在的劳动力短缺问题，播种、灌溉等基本作业都可以由机器人和智能管理系统来完成。如果在暖棚内种植，系统还可以根据传感器探测到的棚内温度、湿度、二氧化碳及光照强度，自动调节适合农作物生长发育的理想环境。这样，不仅能提高能源利用率，减少化肥和农药的使用，还能使土地得到更有效的利用，减少对环境的污染。

不仅是种植业，人工智能技术在牲畜养殖方面也能得到很好的应用。例如，可以通过悬挂在牲畜颈部的信号机确定其所在位置，系统只需向信号机发出指令，农场主就可以足不出户完成放牧。此外，植入在牲畜身体中的智能芯片还能实时检测牲畜的体温和每天的运动量，通过数据智能分析，及时对疾病、疫情等异常情况发出预警。

智慧城市：随着PC时代和移动时代对各种先进技术的不断累积，AI时代的到来已成必然。它将把每个人、每个家庭、每个组织、每个城市带入万物互联的智能世界。我们可以将智慧城市想象成一个有机生命体，整个城市分布着神经网络，从城市大脑到末梢神经，各种先进的技术应用手段，整合优化着城市的各种资源。各种智能机器人也将与未来智慧城市融为一体，它们平稳运行，提供并维护服务和公用事业，保障运输和物流，不停地改善着城市的状况。

人工智能和机器人技术带来的这场信息知识产业的革命与以往的农业革命和工业革命最大的不同之处就在于它们日新月异的发展速度。这将意味着，过去我们可以花上一百年甚至更长时间，让好几代人去慢慢适应的巨大变化，现在需要一两代人就得适应这样的转变，面对这样的挑战。因此，了解和掌握前沿技术，并源源不断地培养出合格的人才已经迫在眉睫，刻不容缓。

五、思考与探索

同学们，第一章的内容是不是都已经理解和掌握了呢？下面来试试身手，看看能不能完成以下题目。

（一）Robot（机器人）这个词在以下哪个年代被创造出来？

○ 1900—1909

○ 1920—1929

○ 1940—1949

○ 1960—1969

○ 1980—1989

（二）以下哪些不是机器人设备？为什么？

○ 无人飞机

○ 一种在生产线上用于装配汽车部件的机械手臂

○ 用于搜索Internet、为搜索引擎创建信息的软件

○ 用于探测火星的"勇气号"火星车

○ 自动割草机

（三）天马行空话未来：亲爱的同学们，如果你是人工智能工程师，你想设计一个怎么样的机器人？并赋予它怎样的使命呢？

我的设计思路：_____

_____

_____

第二章

C语言基础知识和Arduino简介

通过第一章的学习，读者已经知道机器人由软件和硬件两部分组成。硬件主要包括传感器和执行器，传感器采集各类数据，传送给机器人的核心处理器，执行器负责让机器人执行各种动作。软件部分主要运行在核心的处理器上，专门负责处理传感器收集的数据，然后告诉机器人在执行器上执行哪些任务及如何执行这些任务。目前，小曼机器人所使用的硬件是Arduino开发板，软件是通过Arduino IDE自带的一种类C语言实现的。

本章主要介绍C语言基本知识和相关编程知识、Arduino开发板的结构、用于编写程序的Arduino IDE开发环境，以及如何正确配置IDE环境中关于开发板、处理器、端口等参数。

一、C语言编程

为什么很多机器人的软件选择C语言编程来实现呢？首先，C语言是一门国际上广泛流行的通用的计算机高级编程语言，广泛应用于软硬件的开发。其次，C语言能够提供简易的编译方式、生成相对更有效的机器码，并且不需要任何运行环境支持便能运行。

C语言作为一种编程语言有一定的编写规则，这需要我们在机器人编程时严格按照C语言的编程规则编写，否则机器人就无法正常工作了。

C语言是面向过程的结构化编程语言，通过各个功能模块有层次地结合，可以形成一个完整的程序。这样模块化、层次化的结构可以使程序更容易调试，测试更有针对性，代码的维护也变得更加简单。其实，我们可以把一个个功能模块或者函数（Function）理解成C语言的基本单元，再通过顺序结构、选择结构和循环结构的相互结合，就可以设计和实现各种算法。下面我们会对C语言的基本结构、数据表达、流程控制几个部分进行简单的介绍。

（一）C语言基本结构

先来看一个基本的C语言程序框架：

```
#include <stdio.h>
int main(void){
    printf("小朋友们！欢迎进入机器人世界！\n");
    return 0;
}
```

第一行#include <stdio.h>是指在程序中需要使用的stdio.h文件中的指令。

第二行int main(void)函数是主函数，程序从这里开始执行。int表示函数的返回值类型是整形。括号内的void表示这个main()函数是不带任何参数的。值得注意的是main()函数是整个程序的入口点，为了使其普遍适用，减少程序的移植问题，所以对其声明方式相对比较包容，可能会看到各式各样的写法。但是，为了让同学们从一开始就能养成良好的编程习惯，在这里建议大家使用int main(void)。

第三行printf(...)是一个函数，它所实现的功能是在屏幕上显示一条消息：小朋友们！欢迎进入机器人世界！

最后一行return 0会终止main()函数，返回值数值"0"，并且结束整个程序。

让我们来看一下运行的结果吧！

图2-1　C语言程序运行结果

接下来，我们将在程序中逐步加入常量、变量、程序控制语句等元素，从而使程序越来越丰富。先学习一下在C语言中数据是如何表达的。

1. 数据表达

在C语言程序中，数据可以分为常量和变量两种，而所有的数据都必须为其指定数据类型。

（1）常量

顾名思义，常量是指这种数据的值在整个程序执行过程中是固定不变的。常量可以是字符，也可以是数字。通常我们可以使用两种方式来定义常量。

1. 使用关键字const来声明指定数据类型的常量

　　const 　数据类型 　常量名称 = 常量值;

例如，const 　　int 　　　　A 　　= 100;

上面这条语句定义了一个数据类型是整型的常量"A"，它的值是"100"。在这里需要注意一点，用大写字母来表示常量是一个较好的编程习惯。

2. 使用#define预处理器来定义常量

　　#define 宏名称 　　常量值;

例如，#define 　PI 　　3.1415926536;

通过比较我们容易看出const定义的数据是有数据类型的，而#define宏定义的数据没有类型。在这里不再深入讲解宏定义，作为一个建议，我们在定义常量的时候，为了减少错误的可能，请尽量使用const关键字。

（2）变量

在C语言中数值可变的量被称为变量。变量是用来管理数据的。你可以将变量想象成一个杯子，里面可以装水，那就是水杯；可以装酒，那就是酒杯；可以装茶，就是茶杯。杯子里饮料的种类和多少可以根据需要改变。这里所说的饮料种类就是变量的"数据类型"，杯中饮料的多少就是变量的"值"。一般来说，它的定义方法如下：

　　　　数据类型 　变量名;

例如，　　int 　　　i;

一旦定义一个变量以后，它就有一个任意值（取决于变量所分配的内存区域中的内容），因此给变量做初始化以避免变量使用随机值也是一个很好的编程习惯。下面我们一起来看两个简单的例子。

（a）　　int i = 1, j = 2;

和

（b）　　　int　i, j;

i = 1;

j = 2;

上面两种编码虽然是等效的，但示例（a）在定义变量的同时对变量i和j进行了初始化，示例（b）没有对变量i和j进行初始化而是在定义了变量以后再对它们进行赋值。

2. 基本数据类型

C语言中所有的数据都必须为其指定数据类型，下面我们来介绍几种最常用的基本数据类型。

（1）整型

整型即整数类型（int）。可以分为两种类型：有符号整型（int）和无符号整型（unsigned int），前者可以是负整数、0或正整数，后者只能是0或正整数。当然，整型其实还可以细分为短整型short、整型int和长整型long。

（2）浮点型

浮点数分为两种类型：单精度浮点数（float）和双精度浮点数（double），也就是我们常说的实数。后者比前者所能表示的实数范围要大很多。要注意的是浮点型都是有符号浮点数，无符号浮点数是没有的。

（3）字符型

字符型，即char类型。使用时需要用单引号将字符括起来。字符型数据只能是单个字符，不可以是字符串。要注意的是，一个数字一旦被赋值给了字符型变量就不能参与数值运算了。也就是说，数字9和字符'9'是完全不同的。

（4）布尔型

布尔型，即bool类型。它的值只有两个：false（假）和true（真）。

（5）字符串

在C语言中，字符串的定义是通过字符型数组方式来实现的，字符串中的字符被逐个存放到数组元素中去。通常我们可以用以下两种方法来初始化字符数组。

第一种，通过在最后添加'\0'的方法

char welcome[]={'H', 'e', 'l', 'l', 'o', 'W', 'o', 'r', 'l', 'd', '! ', '\0'};

第二种，也可以直接使用字符串常量初始化字符数组（系统自动加上

'\0')。

char welcome[] = "Hello World!";

或者   char welcome[] = { "Hello World!" };

值得注意的是，字符数组跟一般的变量赋值不同，不能使用下面的赋值方式：

char welcome[];

welcome = "Hello World!";

3. 运算符和表达式

在C语言中，运算符的类型非常丰富，如算术运算符、赋值运算符、关系运算符、逻辑运算符、位运算符等。这里我们列了几张表格，简单介绍一些最常用的运算符。

假设变量a和b的值分别为100和50，那么：

算术运算符	含 义	实 例
+	把两个操作数相加	a+b 将得到 150
−	将第一个操作数减去第二个操作数	a−b 将得到 50
*	将两个操作数相乘	a*b 将得到 5 000
/	将分子除以分母	a/b 将得到 2
%	取模运算符，整除后的余数	a%b 将得到 0

假设有三个变量a，b和c，那么：

赋值运算符	含 义	实 例
=	简单赋值运算符，将右边操作数的值赋给左边的操作数	a=b+c 将b+c的值赋给a
+=	加且赋值运算符，把左边操作数的值加上右边操作数的值并将结果赋值给左边操作数	a+=b 相当于 a=a+b
−=	减且赋值运算符，把左边操作数的值减去右边操作数的值并将结果赋值给左边操作数	a−=b 相当于 a=a−b

假设变量a和b的值分别为100和50，那么：

关系运算符	含　义	实　例
==	检查两个操作数的值是否相等，如果相等，那么条件为真	(a==b)为假
!=	检查两个操作数的值是否相等，如果不相等，那么条件为真	(a!=b)为真
>	检查左边操作数的值是否大于右边操作数的值，如果是，那么条件为真	(a>b)为真
<	检查左边操作数的值是否小于右边操作数的值，如果是，那么条件为真	(a<b)为假
>=	检查左边操作数的值是否大于或等于右边操作数的值，如果是，那么条件为真	(a>=b)为真
<=	检查左边操作数的值是否小于或等于右边操作数的值，如果是，那么条件为真	(a<=b)为假

假设变量a的值为真，变量b的值为假，那么：

逻辑运算符	含　义	实　例
&&	逻辑与运算符，如果两个操作数的值都为真，则最后结果为真	（a&&b）为假
||	逻辑或运算符，如果两个操作数中有任意一个值为真，则最后结果为真	(a||b)为真
!	逻辑非运算符，可以反转操作数的逻辑值	!(a&&b)为真

表达式就是通过运算符将运算对象连接起来的式子，就像数学式一样。在表达式的最后加上分号（；）就形成了一个表达式语句。例如，x=y/z; a=b-c; i<10;等。

4. 注释

在C语言中，/* 与 */之间的内容，以及//之后的内容均为程序注释，使用注释可以增强程序的可读性，同时也便于更好地管理代码。注释部分的内容不会被编译到程序中去，因此其内容不会影响程序的运行。

（二）流程控制

流程图是用一些图框来表示各种操作。用图形表示算法，直观形象，易于理解。特别是对于初学者来说，使用流程图能帮助你更好地理清思路，从而顺利编写出相应的程序。ANSI（美国国家标准学会）规定了一些常用的流程图符号。

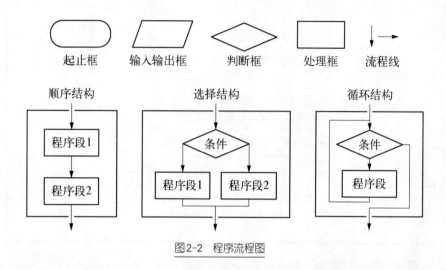

图2-2　程序流程图

正如我们之前提到的，C语言是一种结构化的编程语言，主要包括顺序结构、选择结构、循环结构。

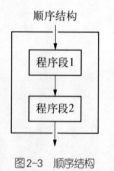

图2-3　顺序结构

1. 顺序结构

在顺序结构中，程序按语句先后顺序依次执行。其实，一个程序或一个函数，整体上都是一个顺序结构，它是由一系列的语句或控制结构组成，这些语句与结构都按先后顺序运行。如图2-3所示，其中程序段1和程序段2两个框是按顺序执行的，也就是在执行完程序段1框中的操作后，接着会执行程序段2框中的操作。

例1

```c
#include <stdio.h>
int main(void) {
    float PI, r, s;
    PI = 3.14;
    r = 1;
    s = PI * r * r;
    printf("半径为 %f 圆的面积为 %f", r, s);
```

```
    return 0;
}
```

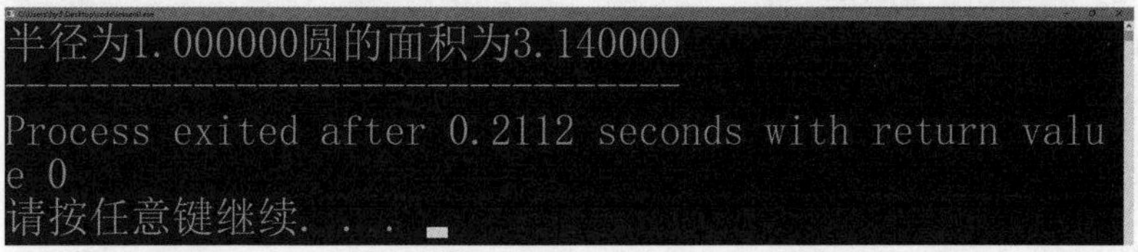

半径为1.000000圆的面积为3.140000
Process exited after 0.2112 seconds with return value 0
请按任意键继续. . .

图2-4　C语言程序运行结果

2. 选择结构

选择结构又称分支结构。在编写程序过程中，我们经常需要根据当前的数据值作出判断，决定下一步的操作。如图2-5所示是一个选择结构，该结构中包含一个判断框。根据判断框中的条件的成立与否，来选择执行程序段1或程序段2。执行完程序段1或程序段2的操作后，程序将离开该选择结构。

选择结构
条件
程序段1
程序段2

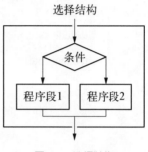

图2-5　选择结构

if语句

if语句是最常用的选择结构实现方式，当给定表达式为真时，就会运行其后的语句，通常有三种结构。

（1）单分支结构

单分支结构表示当条件满足，if后面的表达式的结果为真，那就执行{ }中的语句。一起来看下面这个简单的例子。

例2

```
#include <stdio.h>
int main(void) {
        int a = 100;
        if (a == 100){
                printf("你真棒！");
        }
        return 0;
}
```

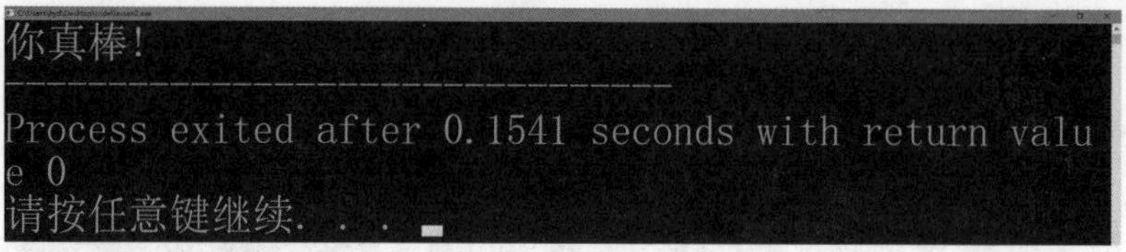

图2-6　C语言程序运行结果

（2）双分支结构

双分支结构增加了一个else语句，当给定表达式结果为假时，便运行else后面{ }中的语句。

例3

```
#include <stdio.h>
int main(void) {
        int a = 80;
        if (a >= 60) {
                printf("你通过了考试。");
        }
        else {
                printf("下次还需努力。");
        }
        return 0;
}
```

图2-7　C语言程序运行结果

（3）多分支结构

根据实际情况，还可以使用多个if语句，从而形成多个分支，用于判断多种不同情况。

例4

```
#include <stdio.h>
int main(void) {
```

```
int a = 80;
if (a < 60) {
        printf("下次还需努力。");
}
else if (a <= 85) {
        printf("不错，你得了个良。");
}
else if (a <= 100) {
        printf("太棒了，你得了个优！");
}
return 0;

}
```

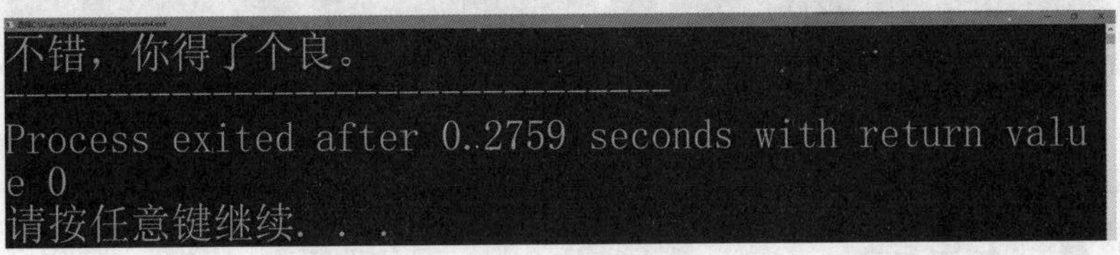

图2-8　C语言程序运行结果

switch…case 语句

在处理比较复杂的问题时，经常会遇到有很多选择分支的情况，如果还使用 if…else 的结构编写程序，就会使程序显得冗长，且可读性差。在这种情况下，我们就可以使用 switch 语句来解决问题。其形式如下：

例5

```
#include <stdio.h>
int main(void) {
    int a = 1;
    switch (a) {
    case 1:
            printf("你选择了红色。");
            break;
    case 2:
            printf("你选择了黄色。");
```

23

```
            break;
        case 3:
            printf("你选择了蓝色。");
            break;
        default:
            printf("你没有选择任何颜色。");
            break;
        }
        return 0;
    }
```

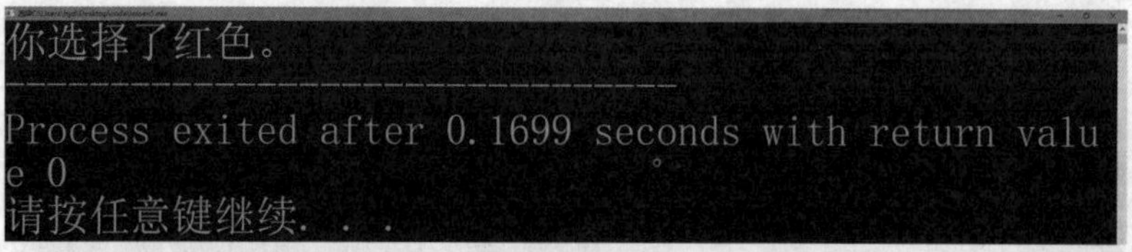

你选择了红色。

Process exited after 0.1699 seconds with return value 0
请按任意键继续. . .

图2-9　C语言程序运行结果

　　switch结构会将switch后面（　）内的表达式与case后的常量表达式进行比较，如果符合就运行与当前常量表达式所对应的语句；如果都不相符，则会运行default后的语句，如果不存在default部分，程序将直接退出switch结构。

　　值得注意的是，switch后的表达式结果只能是整型或字符型。如果要使用其他类型，则必须使用if语句。此外，在进入case判断，并执行完相应程序后，一般要使用break退出switch结构。如果没有使用break语句，程序则会一直执行到有break的位置退出或运行完该switch结构退出。

3. 循环结构

　　循环结构又称重复结构，即反复执行某一部分操作。有两类循环结构：当型循环和直到型循环。当型循环结构会先判断给定条件，当给定条件不成立时，程序立

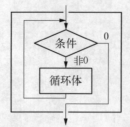

图2-10　当型循环结构

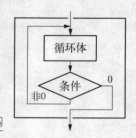

图2-11　直到型循环结构

即退出该结构；当条件成立时，执行程序段框，执行完程序段框内的操作后，再次判断条件是否成立，如此循环反复。直到型循环结构会先执行程序段框，然后判断给定的条件是否成立，成立即退出循环，反之则返回该结构的起始位置，重新执行程序段框，如此反复。

while 循环语句

while 语句是一种当型循环。只有满足表达式的条件，才会执行循环体中的语句。我们来看一个简单的例子。

例6

```
#include <stdio.h>
int main(void) {
        int a = 0;
        int b = 0;
        while (a <= 5) {
                b += 1;
                a++;
        }
        printf("b的值：%d\n", b);
        return 0;

}
```

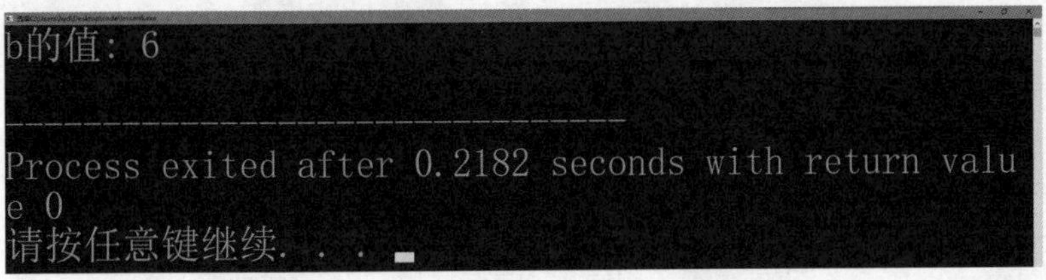

图2-12 C语言程序运行结果

如果while后面表达式的值永远为"真"或者值为"1"时，程序就会进入死循环，就如例6所示，至于如何才能避免死循环的产生，我们会在稍后讲解。

例7

```
#include <stdio.h>
```

```
int main(void) {
    int b = 0;
    while (1) {
        b = b + 1;
    }
    printf("b的值: %d\n", b);
    return 0;
}
```

图2-13　C语言程序运行结果

do…while 循环语句

do…while循环语句与while语句不同，是一种直到型循环，它会一直循环到给定条件不成立为止。这种类型的循环至少会先执行一次do语句后的循环体，再判断是否进行下一次循环。

例8

```
#include <stdio.h>
int main(void) {
    int a = 0;
    int b = 0;
    do {
        b += 1;
        a++;
    } while (a <= 5);
    printf("b的值: %d\n", b);
    return 0;
}
```

b的值: 6

Process exited after 0.1621 seconds with return value 0
请按任意键继续. . .

for循环语句

for循环语句适用于循环次数确定的情况，所以总是需要一个变量，用它来计算循环次数。通常用i，j，k等小写字母来命名这些计数变量。for循环语句的括号内有三个部分，用分号（;）分开。第一部分用来设置计数变量的初始值，如i = 0；第二部分用来设置判断条件，如i <=5；第三部分用来对计数变量执行递增或递减操作，如i++。

例9

```
#include <stdio.h>
int main(void) {
        int b;
        b = 0;
        for (int i = 10; i<15; i++) {
                printf("i的值是：%d\n", i);
        }
        printf("b的值：%d\n", b);
        return 0;
}
```

i的值是: 10
i的值是: 11
i的值是: 12
i的值是: 13
i的值是: 14
b的值: 0

Process exited after 0.0781 seconds with return value 0
请按任意键继续. . .

表示初始值i为10，当i小于15时运行循环体中的语句，每执行完一次循环，i

的值会自动加1。

在循环结构中，都有一个表达式用于判断是否要进入循环体。通常情况下，当该表达式结果为false（假）时程序就会跳出循环。但有时候，我们需要让程序提前结束循环，或者程序已经满足了一定条件，需要跳过本次循环余下的语句。这时，我们就会用到关键字break和continue。

在前文介绍switch多分支选择结构的时候已提及关键字break。其实，break不仅可以终止选择结构，也可以使程序跳出循环结构，执行余下的程序语句。此时，break一般会借助if语句来判断是否满足条件需要跳出循环。一般来说，其形式如下：

```
while(表达式){
…
if(表达式) break;
…
}
```

关键字continue允许我们忽略本次循环中剩下的语句，直接跳转到条件控制点并判断是否开始下一次循环。同样，continue一般也要搭配if语句使用。其形式如下：

```
while(表达式){
…
if(表达式) continue;
…
}
```

最后，总结一下循环语句编写的要点：

在程序中，循环控制特别需要注意的是防止出现死循环，在循环体内应该包含结束循环的语句。

使用for循环语句时，条件变量的初始化在for后的括号内，而用while和do…while循环语句时，循环变量的初始化操作应在循环体之前进行。while循环语句和for循环语句都是先判断表达式，后执行循环体，而do…while循环语句是先执行循环体然后判断表达式，所以，do…while的循环体至少会被执行一次，而while循环体和for循环体则有可能一次都不执行。

以上三种循环语句都可以使用break语句跳出循环，也可以使用continue语句结束当前的循环。

二、Arduino简介

学习以上内容后，同学们对C语言有了一定的认识，具备一定的基础。接下来将介绍一款用于机器人开发的Arduino开发板和软件开发平台Arduino IDE。通过学习同学们会领略到编程的魅力，并初步了解智能控制的基本原理以及智能部件之间是如何用自己的"语言"进行沟通的。

（一）初识Arduino

可以将Arduino视为一个由软硬两大开源组件构成的物理计算平台。这里所说的硬件就是可以用来做电路连接的各种型号的Arduino开发板，软件部分是指Arduino IDE集成开发环境。在IDE开发工具的辅助下，同学们只需要输入编写的

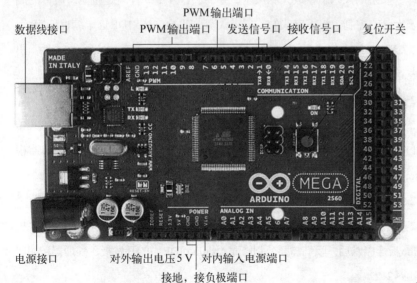

图2-16 Arduino Mega 2560 Rev3

源代码并编译打包成程序，然后把程序上传到Arduino开发板，接下来程序便会告诉Arduino开发板要做些什么了。Arduino可以通过与之相连的各种传感器来感知环境，也可以通过控制LED、LCD显示器、扬声器和电机等执行装置来反馈和影响环境。

Arduino开发板的型号有很多，如Arduino Uno、Arduino Nano、Arduino Due、Arduino Mega 和Arduino Leonardo等，不同型号具有不同的优点和应用方向。本书中，配合我们学习使用的Arduino开发板型号是Arduino Mega 2560 Rev3。

Arduino Mega 2560 Rev3采用ATmega2560微控制器作为核心处理，同时为了适应需要大量I/O接口的设计，它还包含了54路数字输入/输出（其中16路可作为PWM输出）、16路模拟输入、一个16 MHz晶体振荡器、一个USB接口、一个电源插座、一个ICSP header和一个复位按钮。Arduino Mega 2560 Rev3也能兼容为Arduino UNO设计的扩展板。

（二）Arduino IDE

Arduino IDE是Arduino产品的软件编辑环境。简单来说就是用来编写代码，调试代码，编译代码和下载代码的地方。任何Arduino的产品都需要在成功下载完编译好的代码后才能运作。我们所搭建的电路是下载到Arduino开发板上代码的硬件实现，软件和硬件两者缺一不可。正如同人通过大脑来控制肢体活动是同一个道理。如果把代码想象成大脑控制命令的话，外围硬件就是肢体，肢体的活动取决于大脑的控制。接下来我们一起来认识一下Arduino IDE这个编程环境。

在安装完Arduino IDE后，进入到Arduino安装目录，打开arduino.exe文件，出现初始界面。图2-17展示了Arduino IDE的用户界面。

图2-18为菜单栏，Arduino IDE的几乎所有功能都要通过这里来实现。

图2-19为Arduino IDE界面工具栏，从左至右依次为编译（Verify）、上传（Upload）、新建程序（New）、打开程序（Open）、保存程序（Save）和串口监视器（Serial Monitor）。

图2-20为编辑区域，主要用来编写程序代码。

图2-21为状态区域，主要用来显示当前程序运行状态。在用USB线将计算机和Arduino板连接以后，我们需要分别修改Arduino IDE中的开发板、处理器和端口设置。如图2-22。

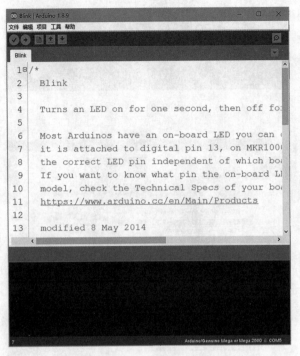

图2-17 Arduino IDE用户界面

图2-18 菜单栏

图2-19 界面工具栏

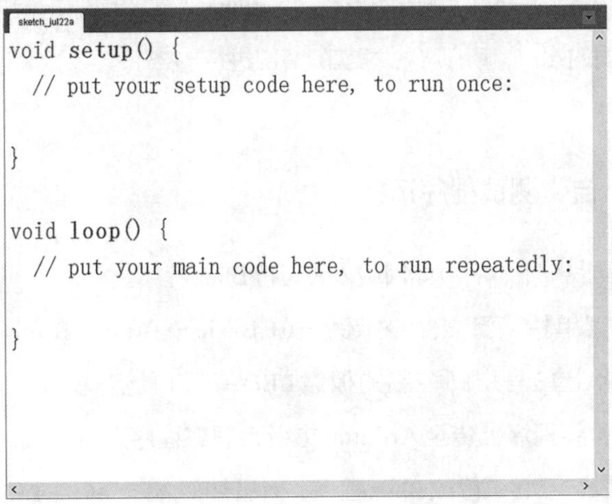

```
void setup() {
  // put your setup code here, to run once:


}

void loop() {
  // put your main code here, to run repeatedly:


}
```

图2-20 编辑区域

图2-21　状态区域

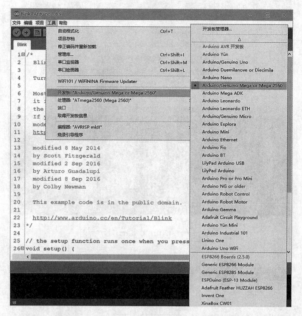

图2-22　Arduino IDE的简单设置界面

选择开发板：工具→开发板→Arduino/Genuino Mega or Mega 2560

选择处理器：工具→处理器→ATmega2560（Mega 2560）

选择端口：工具→端口→选择带有"Arduino……"的端口（注意：不同的计算机可能是不同的端口，所以要根据实际情况进行选择）

（三）Arduino自带测试程序运行

下面动手实践一下，看看如何载入并运行Blink程序。

首先，从菜单栏选择文件→示例→01.Basic→Blink。Blink程序的作用是让Arduino主板上13号引脚控制的板载LED每隔1秒点亮一次。程序载入后，点击上传按钮，将程序上传至Arduino主板，观察程序运行结果。

同学们可以自己尝试修改Blink程序，看看如何才能使板载LED每隔2秒点亮一次。也可以载入并运行"示例"子菜单中的其他程序，观察它们的运行结果。

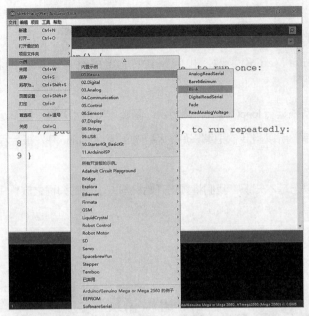

图2-23　载入Blink程序

三、Arduino 与 C 语言的联系

通过以上学习，同学们已经能够运行Arduino程序。但对于许多熟悉C/C++程序的人员可能会比较迷茫，相当于C语言的main()的入口程序Arduino放在什么地方？

其实，Arduino编译环境已对程序的入口进行了封装，编译环境中创造了一个中间文件，包括了程序代码与状态。实际代码的组成如下：

```
int main(void){

    init();

    setup();

    for(;;)

    loop();

    return 0;

}
```

Arduino在程序启动时首先运行init()函数进行初始化硬件，在板卡上会看到R17处的红灯进行闪烁过程。

随后再运行setup()函数，也就是IDE上完成对各个端口的状态和数字设置。

最后，系统运行loop()函数，调用各个函数实现各种功能。loop是个永远不停止的运行过程，所以当我们把编译好的程序加载到Arduino开发板后程序将会循环着一直运行。

掌握了以上基本知识，我们将真正开始机器人小曼的编程之旅！

四、知识拓展

（一）面向过程的结构化编程语言

面向过程程序设计方法的实质是从计算机处理问题的角度来进行程序设计工作：输入—运算—输出。面向过程的程序设计一般适合采用自上而下的设计方法。这种方法需要设计者从一开始就对问题有全面的了解。先分析所有问题，梳理出解决问题需要哪些步骤，接着将这些步骤通过函数的形式实现并依次一步一步调用。每完成一步就相当于完成一个过程，这也是"面向过程"说法的由来。

C语言是面向过程的编程语言，同时也是结构化的编程语言。顺序结构、选择结构和循环结构彼此间并不孤立，在实际编程中常常将这三种结构相互结合，设计出各种算法和程序。这种结构化语言本身有着显著的特点，即代码及数据的分隔化，程序的各个部分除了必要的信息交流外彼此相互独立。这种结构化方式可使程序层次清晰，便于调试、使用及维护。

（二）面向对象的编程语言

面向对象编程（Object Oriented Programming，OOP，面向对象程序设计）是一种计算机编程架构。我们比较熟悉的C++、Java、Python等都是面向对象的编程语言。OOP的一条基本原则是对数据、程序进行封装，把单个能够起到子程序作用的单元进行组合，以对象的形式呈现在程序中。OOP达到了软件工程的三个主要目标：重用性、灵活性和扩展性。为了实现整体运算，每个对象都能够接收信息、处理数据和向其他对象发送信息。

五、实践与思考

（一）在学习完第一节的内容以后，请同学们回顾思考一下，并尝试给出第一节示例1—9的执行结果。

示例1执行结果：

示例2执行结果：

示例3执行结果：

示例4执行结果：

示例5执行结果：

示例6执行结果：

示例7执行结果：

示例8执行结果：

示例9执行结果：

（二）下面是在屏幕上打印一个高为5、底为9的三角形代码，请在空格处填写数字实现效果。

```
#include <stdio.h>
void print_triangle();
int main(){
    print_triangle();
    return 0;
}


void print_triangle(){
```

```
int i,j;
for( i=1;i<=__;i++){    //控制每一行(这里一共5行)
    for( j=1;j<=__;j++)      //控制每行前的空格位置
        printf(" ");
    for(j=1;j<=2*i-1;j++)    //控制行内的星号
        printf("*");
    printf("\n");
    }
}
```

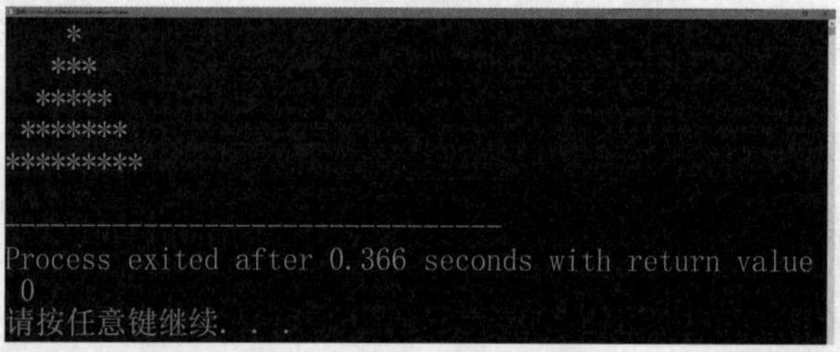

图2-24　C语言程序运行结果

在____处填写正确数字后，请观察打印的结果。

第三章

机器人的动力：精力无限

通过前两章的学习，同学们已经了解机器人和人工智能的重要性、必要性以及两者之间的联系与差别。

本章将主要介绍小曼的动力来源——锂电池，实现小曼头部、躯干、手臂和底盘的3D打印技术，连接各元器件与Arduino开发板的面包板和杜邦线，以及传感器等的基本知识。

一、小曼的动力：锂电池

（一）锂电池

1. 锂电池的定义

锂电池分为可重复充电的锂离子电池和不可重复充电的锂金属电池，我们常提到的锂电池其实是锂离子电池。锂离子电池主要依靠锂离子在正极和负极之间移动来实现工作。锂离子电池使用一个嵌入的锂化合物作为电极材料。目前常见的用作锂离子电池的正极材料有：锂钴氧化物（$LiCoO_2$）、锂锰氧化物（$LiMn_2O_4$）、锂镍氧化物（$LiNiO_2$）等。锂离子电池及其发展产品在消费电子领域很常见，是便携式电子设备中可充电电池最普遍的类型之一，具有高能量密度，无记忆效应，在不使用时只有缓慢电荷损失。

2. 锂电池分类

锂电池大致可分为两类：锂金属电池和锂离子电池。

锂离子电池以其特有的性能优势，大量应用在手机、笔记本电脑、电动工具、电动车、路灯备用电源、航灯、家用小电器等产品上。

单节锂电池的电压通常为3.7 V，电池容量有限，因此，常常将单节锂电池进行串、并联处理，以满足不同场合的使用要求。

3. 锂电池主要优点

• 具有高储存能量密度，是铅酸电池的约6—7倍。

- 使用寿命相对较长，可达6年以上。

- 锂电池电压平台高，便于组成电池电源组。

- 相对铅酸电池而言锂电池重量轻，相同体积下重量约为铅酸产品的1/6—1/5。

- 自放电率低，无记忆效应。

- 具备高功率承受力，便于高强度的启动加速。

- 锂电池高低温适应性强。

- 绿色环保，锂电池生产、使用和报废等过程中都不含有也不产生任何铅、汞、镉等有毒有害重金属元素和物质。

4. 锂电池主要缺点

- 锂电池均存在安全性差、有发生爆炸的危险。

- 生产要求条件高，成本高。

- 锂电池均需保护线路，防止电池被过充或过放电。

5. 锂电池的应用

锂电池可广泛应用于水力、火力、风力和太阳能电站等储能电源系统，邮电通讯的不间断电源，以及电动工具、电动自行车、电动摩托车、电动汽车、军事装备、航空航天等多个领域。

中国是世界最大的锂电池生产制造基地、第二大锂电池生产国和出口国。随着我国手机、笔记本电脑、数码相机、电动车、电动工具、新能源汽车等领域的快速发展，对锂电池的需求将会不断增长。

（二）Arduino开发板与元器件的供电

Arduino开发板的供电有以下三种方式。

1. USB连接方式

通过计算机的USB接口与Arduino开发板的USB接口连接，主要完成Arduino IDE程序的传送，并提供电源的供应。这种方式的供电能满足测试阶段的任务。在完成机器人设计后使其独立运行时，再连接一台计算机，就既不方便也不美观了。

2. 交流线电压

当使用交流线电压时，首先考虑是否可以避免使用它。交流线电压为220 V，如果没有被安全使用，可能会烧坏电路板，而且会对身体有伤害，故通常情况下不提倡使用。

当然，使用与微控制器一起设计的装置来控制交流线电压，从而控制外部设备的方法会比使用电源电压本身更安全。但是，其结构也会更加复杂。

3. 锂电池

为了使机器人能在Arduino开发板不连接计算机，即不通过USB引线情况下能正常运行，标准Arduino开发板有一个用于连接外部电源的插座，可以由外部锂电池进行供电。锂电池因其具有能量高、使用寿命长、质量轻、绿色环保等优势，是机器人首选的电源供应方式。

连接电源前需要检查电压、电流等参数，否则可能会损坏电路板。电池电压应控制在7 V—12 V范围内。电池电流额定值（mAh）指一小时内电池能提供的毫安数。一个项目全部连接到Arduino板器件是25 mAh，用额定值为500 mAh电池供电，可以持续运行20小时左右。如果连接器件是50 mAh，电池使用时间将减半，大约10小时。所以，在设计机器人时需要使用多少电池取决于所使用的设备数量（如LED、舵机等其他外部组件）。

二、小曼的躯干：3D打印

（一）3D打印

1. 3D打印定义

3D打印（即3D printing），又称增材制造（Additive Manufacturing，AM），是一种融合了计算机辅助设计、材料加工与成型技术，以数字模型文件为基础，通过软件与数控系统将专用的金属材料、非金属材料以及医用生物材料等按照挤压、烧结、熔融、光固化、喷射等方式逐层堆积，制造出实体物品的快速成型技术。

2. 3D打印的起源

3D打印技术起源于19世纪末美国研究的照相雕塑和地貌成形技术，到20世纪80年代后期已初具雏形，称为"快速成型"，并且在这个时期得到推广和发展。1986年，查尔斯·赫尔（Charles Hull）成立了世界上第一家生产3D打印设备的公司——3D Systems公司，他还研发了现在通用的STL文件格式。

3. 3D打印工作原理

首先，通过计算机辅助设计（CAD）或计算机动画建模软件建模，再将建成的三维模型"切片"成逐层的截面数据，并把这些信息传送到3D打印机上，3D打印机会把这些切片堆叠起来，直到一个固态物体成型。

3D打印主要是一个不断添加的过程，在计算机控制下层叠原材料。3D打印的内容可以来源于三维模型或其他电子数据，其打印出的三维物体可以拥有任何形状和几何特征。

4. 3D打印的运用

3D打印通常采用数字技术材料打印机来实现。常在模具制造、工业设计等领域被用于制造模型，后逐渐用于一些产品的直接制造，已经有使用3D技术打印而成的零部件。该技术在医疗行业、科学研究、文物保护、建筑设计、制造业等领域都有应用。可用于3D打印的材料大致有塑料、陶瓷、混凝土、金属、食物、生物材料等。

（二）小曼的3D打印件

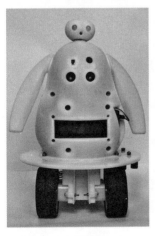

图3-2　小曼的头部　图3-3　小曼的身体　图3-4　小曼的双手

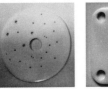

图3-1　小曼机器人

图3-5　小曼的底座

三、小曼的内部连接：面包板

面包板（Breadboard）又叫免焊万用电路板（solderless breadboard），是电子电路设计中常用的具有多孔插座的插件板，可以在上面通过插导线和电子元件来搭建不同的电路从而实现相应的功能。

与印刷电路板不同的是，它不采取软钎焊，一块面包板可以快速地制作电路连接，器件之间的连接不再需要焊接。面包板修改时较为方便，主要用于构造电子样品以及学习使用。

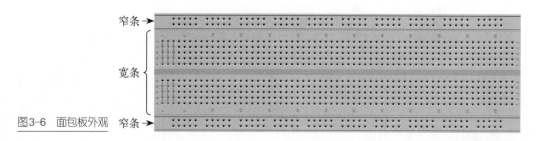

图3-6　面包板外观

常见的面包板分上、中、下三部分。上、下部分一般是由一行或两行插孔构成的窄条。如图3-6所示，每个窄条有两行插孔，每行5*10个插孔内部电气连通，上下两行之间电气不连通。

中间部分是由中间一条隔离凹槽和上下各5行插孔构成的宽条。凹槽将宽条上下5行隔离，电气不连通。上下5行内部结构一样，每一列的5个插孔内部电气连通，每列之间相互独立，电气不连通。

在面包板上搭建电路时，将电源正、负极接到窄条的插孔，电子元器件（传感器、电阻、LED灯、显示屏等）接插到宽条部分（注：电子元件的每个针脚插在不同列），再根据预先设计好的电路图，用导线将各元件的针脚连接起来，即可完成电路搭建。

四、小曼的感觉：传感器

传感器（transducer/sensor）是一种检测装置，它不仅能够感受到某种信息，并且能将感受到的信息按照一定规律变换成电信号或其他所需形式的信号进行输出，以满足信息的传输、处理、存储、显示、记录和控制等不同的要求。所以，传感器是实现自动检测和自动控制的首要环节。

传感器一般具有以下特点：微型化、数字化、多功能化、网络化等。由于传感器的不断发展，让物体渐渐有了触觉、味觉、嗅觉、视觉等感官，使无生命的物体慢慢变得鲜活起来。根据所要测量的物理量的不同，传感器的种类也是多种多样。

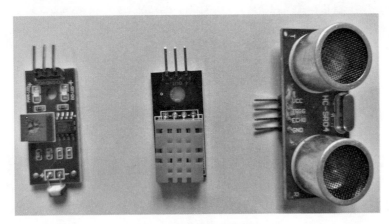

图3-7 不同种类的传感器

（一）传感器定义

国家标准（GB/T 7665-1987）对传感器的定义是："能够感受规定的被测量件并按照一定的规律（数学函数法则）转换成可用信号的器件或装置，通常由敏感元件和转换元件组成。"中国物联网校企联盟认为："传感器的存在和发展让物体有了触觉、味觉和嗅觉等感官，让物体慢慢变得活了起来。""传感器"在新韦氏大词典中的定义为："从一个系统接受功率，通常以另一种形式将功率送到第二个系统中的器件。"

（二）传感器发展

与其他技术相似，随着人类科技的不断进步以及人类对事物认知的不断深入，传感器技术的发展大致经历了三个时代。

第一代传感器是结构型传感器，主要利用物体结构参量的变化来感受和转化信号。最典型的是电阻应变式传感器，它通过金属材料发生弹性形变时电阻的变化来转化电信号。

到了20世纪70年代，固体传感器作为第二代传感器开始发展起来，它由半导体、电介质、磁性材料等固体元件构成，并利用这些材料的某些特性制成。例如，利用光敏效应、热电效应、霍尔效应可以分别制成光敏传感器、热电偶传感器、霍尔传感器等。

由于90年代微机技术、存储技术以及集成技术的迅速发展，第三代传感器已经具备了一定的对外界信息的多参量检测、自诊断、自处理、记忆和自适应能力。这种传感器是微机技术、存储技术与检测技术等多种技术高度集成的产物。

（三）传感器分类

根据不同的感知功能，通常可以把传感器分为十大类，它们分别是：热敏传感器、力敏传感器、湿敏传感器、磁敏传感器、放射线敏感传感器、声波敏感传感器、光敏传感器、色敏传感器、气敏传感器和味敏传感器。下面简单介绍一些最常用的传感器，除此之外还有很多其他种类的传感器，有兴趣的同学可以自行查阅相关资料进行学习。

1. 光敏传感器

光敏传感器是一种能将接收到的光信号转换为电信号的传感器。它主要利用了一些半导体材料会因为光照的变化使电导率改变的特性，这种现象也被称为光生伏特效应。有这种特性的材料可以被制作成光敏二极管、光敏三极管等元件。最常见的应用实例是光控灯。

图3-8　光敏传感器

2. 热敏传感器

热敏传感器是一种可以将温度转化为可用电信号的电子元件。一般使用电阻随温度变化的导电体来制作热敏传感器，最常用的金属材料是铂。当然，除了利用电阻的变化来检测温度变化外，还可以利用某些物质表面电荷密度随温度变化而变化的特征以及晶体的振荡频率随温度变化而变化的特征等来检测温度。生活中最常见的应用实例是空调的控温。

图3-9　热敏传感器

3. 力敏传感器

很多力敏传感器都利用了某种压阻效应，也就是当压力施加于电阻体上时，会使电阻值发生变化，从而使物理量压力转换为电量输出，作为压力的量度。力敏传感器可用于测量稳态压力、压力差或压力的波动，甚至是声波压力。最常见的应用实例是电子秤。

4. 磁敏传感器

图3-10　力敏传感器

磁敏传感器通常利用霍尔效应来制作，因此有时也称之为霍尔效应传感器或霍尔传感器。磁敏传感器其实是一个能量转换器，将变化的磁场转换为变化的电压输出。最常见的应用实例是用在电动车上的调速器。

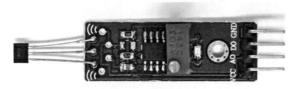

图3-11　磁敏传感器

5. 气敏传感器

气敏传感器是一种半导体传感器，用于检测环境空气中特定的气态物质，然后将化学信息转换成可用的电信号。它主要利用了气体的吸附效应。如果将两个电极分别置于烧结体的两端，其间电阻将随气体分子吸附情况而增减，这样就会影响其导电性，从而获得衡量变化的标准。通常来说，还原性气体中电阻值会减少，在氧化性气体中电阻值会增加。最常见的应用实例是各种烟雾报警器。

通过以上内容的学习，我们已经掌握了小曼的动力来源、身体骨架的构造、内部线路的连接，以及各种感官的形成。

五、实践与思考

请同学们按照上面所学知识把锂电池、面包板和各种元器件固定在材料包中提供的卡纸上或者3D打印件上，一个小曼的雏形将会出现在你的眼前。

请将完成的设计方式拍照放在下方的空白处。

第四章

机器人的眼睛：光与色彩

人们经常看到各式各样的机器人,如饭店里的点餐机器人、商场里的导购机器人等。这些机器人通常都有一对可以变色的"大眼睛",十分可爱。你们知道这对"大眼睛"是如何制作而成的吗?

本章将探究如何为机器人制作这样一对变色的"大眼睛"。同学们,你们知道为什么世界是彩色的,为什么人们可以看到不同物体有不同的颜色吗?接下来,我们将共同探讨学习相关知识并通过编程的方式使小曼的眼睛动起来。

一、小曼的眼睛:发光二极管

(一)光的三原色

红、绿、蓝被称为光的三原色,这三种颜色组合几乎能够形成所有光的颜色。在自然界中,红、绿、蓝三种颜色无法用其他颜色混合而成,而其他颜色可以通过红、绿、蓝三种颜色的适当混合而得到,因此红、绿、蓝三种颜色被称为光的三原色。光的三原色和色光叠加原理可见附录部分图2。

(二)我们的眼睛为什么能看见颜色

我们眼睛的玻璃体后部有一层薄薄的膜,叫视网膜。视网膜可以感受光,而我们能看见的东西都能反射光。这就是为什么夜晚看到的物体不如白天清楚,因为夜晚的光线暗,从而导致物体能反射的光线减弱。那为什么眼睛看到同一件衣服在不同光线下的颜色也会不同呢?因为衣服所反射的光的颜色不同。

眼睛的视网膜上有两种不同的感光细胞,其中视杆细胞负责感知明暗和较弱的光线,而视锥细胞对强光和红、绿、蓝三种颜色的光非常敏感,当有颜色的光线进入眼中,视网膜上的细胞就开始工作啦。就像画画调颜料一样:当我们看见紫色的小桌子时,进入眼睛里的光线就会让感受红色和蓝色的细胞工作;看见黄色的花朵时，感受红色和绿色的细胞就会开始积极工作。

如果某一种颜色的光多些，而另一种颜色的光少些，就可以得到其他各种各样的色彩，所以我们看到的世界就是五彩缤纷的。当视网膜上感受颜色的细胞出问题时，如明明是红色光线却让感受绿色的细胞开始工作，人们就认错颜色了，这种现象称为色盲症。

（三）机器人的眼睛

眼睛是心灵的窗户，机器人小曼也需要这样的窗户来表达内心世界，通常我们会使用全彩LED为机器人打造可以发光和变色的眼睛。让我们着手为机器人制作一双眼睛吧。

首先，我们来了解一下什么是LED。LED是发光二极管的简称，它由含镓（Ga）、砷（As）、磷（P）、氮（N）等元素的化合物制成。二极管的特性是单向导通性，只允许电流由单一方向流过。所以，在使用时要注意正负极不能接反。

发光二极管在电路中常作为指示灯，显示数字或组成文字。不同化合物制成的发光二极管发出的光颜色不同。砷化镓二极管发红光，磷化镓二极管发绿光，碳化硅二极管发黄光，氮化镓二极管发蓝光。不同颜色的发光二极管可见附录部分图3。

变色发光二极管是能变换发光颜色的发光二极管。变色发光二极管按照发光颜色种类可分为双色发光二极管、三色发光二极管和多色（有红、蓝、绿、白四种颜色）发光二极管。变色发光二极管又可以按照引脚数量分为二端变色发光二极管、三端变色发光二极管、四端变色发光二极管以及六端变色发光二

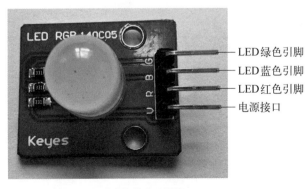

图4-1 四端变色发光二极管

极管。

这里我们将使用四端变色发光二极管，它共有长度不一的4个引脚：最长的一根引脚是正极；正极旁边单独的一根是红色引脚；另外一边的2根引脚中，靠近正极且较长的一根是绿色引脚，较短的一根是蓝色引脚。

思考一下为什么有3种颜色引脚的发光二极管能够发出其他的颜色？通过前面部分的学习我们已经知道，红、绿、蓝是光的三原色，这三种颜色的组合几乎可以形成所有光的颜色。光线会越加越亮，两两混合可以得到更亮的中间色：黄、青、品红（或者叫洋红、红紫）。三种颜色等量组合可以得到白色。

（四）颜色的基础知识

颜色是人类通过眼、脑和我们的生活经验所产生的一种对光的视觉效应，与我们上面描述的光色原理是有差别的。人类对颜色的感觉不仅仅由光的物理性质所决定，还通常会受到周围颜色的影响。人眼约能区分一千万种颜色，不过这只是估计，因为每个人眼睛的构造不同，每个人看到的颜色也会有所不同，因此对颜色的区分相对是比较主观的。

色相指的是色彩的外相，是在不同波长的光照射下，人眼所感觉到不同的颜色。色相是色彩的首要特征，是区别不同色彩的最准确的标准。事实上，任何黑、白、灰以外的颜色都有色相的属性，而色相也就是由原色、间色和复色来构成的。自然界中各个不同的色相是无限丰富的，如紫红、银灰、橙黄等。

色相环是一种圆形排列的色相光谱，色彩是按照光谱在自然中出现的顺序来排列的。暖色位于包含红色和黄色的半圆之内，冷色则包含在绿色和紫色的半圆内。互补色出现在彼此相对的位置上。

我们来简单看一下十二色相环的制作步骤。十二色相环是由原色（primary hues）、二次色（secondary hues）和三次色（tertiary hues）组合而成。色相环中的三原色是红、黄、蓝，彼此势均力敌，在环中形成一个等边三角形。二次色是橙、紫、绿色，处在三原色之间，形成另一个等边三角形。这三种第二次色必须细心混合调配，不可偏于任一种第一次色。红橙、黄橙、黄绿、蓝绿、蓝紫和红紫六色为三次色。三次色是由原色和二次色混合而成。

综上所述，就可以设计出正确的十二色相环。在十二色相环之中，任何色相都具有不纷乱、不混淆的明确位置。这种色相环的色相顺序和彩虹、自然光线分光后产生的色带顺序完全相同。

图4-2　十二色相环

二、实验材料

- Arduino Mega 2560 Rev3 * 1
- USB 连接线 * 1
- 直插 LED * 1
- 330 Ω 电阻 * 3
- 面包板 * 1
- 面包板跳线 若干

三、基本线路图

　　LED 和 Arduino 开发板的连接方法如表4-1所示。具体连接线路图见附录部分图4。

表4-1　LED和Arduino连接

Arduion 开发板	LED
10	B
9	G
8	R
5 V	Vcc

四、实现代码

（一）搭建步骤

• 拿出面包板。面包板上横向有a—j，纵向有1—30。它的每行5个孔为一组是导通的，而每组之间是不导通的。两侧各有2列，每列是导通的。蓝色表示负极，红色表示正极。

• 接下来拿出LED，按照顺序将红、正极、绿、蓝依次插入b7、b9、b11、b13。

• 再将3个330 Ω的电阻分别连接e7—f7、e11—f11、e13—f13。

• 然后，取出一根线（橙色）连接a9-正极，认识公头和母头。

• 拿出Arduino开发板，开发板端口数字编号0—53，一共是54个数字端口。电源接口V5、Gnd×2、Vin。

• 红、绿、蓝三根线分别连接端口8—j7、9—j11、10—j13。

• 取出橙色线（正极）和白色线（负极）分别连接V5-正极、Gnd-负极。

• 取出USB线连接开发板和电脑。

全部连接完毕后，我们就要进入程序编写阶段了。

（二）示例程序

首先，把控制发光LED的示例程序写入Arduino IDE中。

```
//初始化代码,此处代码只执行一遍
void setup() {
    pinMode(8,OUTPUT);        //设置引脚为输出模式
    digitalWrite(8,HIGH);     //设置LED高电平,熄灭LED
}
//主程序,循环执行
void loop() {
    digitalWrite(8,LOW);      //设置引脚为低电平(点亮LED)
    delay(1000);              //延时1秒
    digitalWrite(8,HIGH);     //设置引脚为高电平(熄灭LED)
    delay(1000);              //延时1秒
}
```

接下来，点击 Arduino IDE 工具栏中的上传按钮，将程序上传至 Arduino 内运行。如果程序编写无误的话，可以看到全彩 LED 发出红光并且闪烁，闪烁方式为1秒亮、1秒暗。

下一步，要对程序进行改写。在使用引脚前，需要先用 pinMode() 函数配置引脚的输入输出模式，即

$$pinMode(pin, mode);$$

pin：引脚编号。

mode：配置模式。INPUT：输入模式；OUTPUT：输出模式。

例如，配置13号引脚为输出模式：

$$pinMode(13, OUTPUT);$$

如果需要将3个端口都进行定义的话就将这3个端口定义的命令按照顺序都写一遍：

```
pinMode(8,OUTPUT);        //设置引脚模式为输出
pinMode(9,OUTPUT);
pinMode(10,OUTPUT);
```

　　然后，熄灭LED的程序也参照定义端口的模式按照顺序都写一遍：

```
digitalWrite(8,HIGH);        //设置LED高电平,熄灭LED
digitalWrite(9,HIGH);
digitalWrite(10,HIGH);
```

　　这样，设定程序就写好了。接着要改写亮灯操作中的代码，这里主要改写两个部分：一个部分是某种颜色的点亮和熄灭，另外一个部分是点亮和熄灭的时间。

　　先来学习一下单一颜色点亮、熄灭的写法：digitalWrite(x, LOW);是对x号端口进行赋值，x后面可填的是LOW或者HIGH。当赋值为LOW的时候，x端口颜色的灯变亮，注意x是已设定的端口编号，也就是前面定义的8、9、10中的一个。digitalWrite(x,HIGH);就是将对应x号端口颜色的LED灯熄灭。

　　如果想要多个LED灯同时点亮，就可以将多个颜色的LED灯点亮程序按照顺序写在一起，如想要8号端口和9号端口所代表的颜色一起变亮，其程序写法如下：

```
digitalWrite(8,LOW);
digitalWrite(9,LOW);
```

　　两个LED灯同时熄灭的程序类似，只要将括号内的LOW改成HIGH即可：

```
digitalWrite(8,HIGH);
digitalWrite(9,HIGH);
```

　　亮灭时间的控制用delay语句实现。之前已经学过delay后面括号内的数字1000代表1秒钟，如果想要让LED灯亮2秒钟，那么需要将亮灯后面的delay语句中括号内的数字改为2000：

```
digitalWrite(8, LOW);        //设置引脚为低电平(点亮LED)
```

```
delay(2000);              // 延时2秒
```

　　熄灭的延时也是这样的写法。需要注意的是，你的程序中需要有几个暂停的过程就需要写几个delay语句，如想要红灯先亮2秒、熄灭1秒、再亮1秒、再熄灭1秒这样循环的话就需要写4个delay语句。示例如下：

```
void loop(){
    digitalWrite(8,LOW);      // 设置引脚为低电平(点亮LED)
    delay(2000);              // 第一个状态暂停2秒
    digitalWrite(8,HIGH);     // 设置引脚为高电平(熄灭LED)
    delay(1000);              // 第二个状态暂停1秒
    digitalWrite(8,LOW);      // 设置引脚为低电平(点亮LED)
    delay(1000);              // 第三个状态暂停1秒
    digitalWrite(8,HIGH);     // 设置引脚为高电平(熄灭LED)
    delay(1000);              // 第四个状态暂停1秒
}
```

　　同学们，你们的实验成功了吗，小曼是不是已经在向你眨眼睛了呢？运用上述所学知识，对参数进行适当更改，可以让小曼的眼睛更加灵动哦！

五、实践与思考

　　请同学们用上面所学知识，自行设计一个程序来控制全彩LED，先设计一个亮灯的方案，然后编写程序让小曼的眼睛进行快闪和慢闪切换，并思考一下能否编写程序修改小曼眼睛的亮度，将完成的设计方案和程序填入下方的空白处。

　　我的设计思路：＿＿＿＿＿＿＿＿＿＿＿＿＿＿＿＿＿＿＿＿＿＿＿＿＿＿＿

＿＿＿＿＿＿＿＿＿＿＿＿＿＿＿＿＿＿＿＿＿＿＿＿＿＿＿＿＿＿＿＿＿＿＿

＿＿＿＿＿＿＿＿＿＿＿＿＿＿＿＿＿＿＿＿＿＿＿＿＿＿＿＿＿＿＿＿＿＿＿

第五章

机器人的脚：行者无疆

让各式各样的机器人能够行动自由、奔跑如飞是机器人设计的基本要求。美国波士顿动力的机器狗能够比人类跑得更快，还能够轻松跳上桌子。这一切是如何实现的呢？要让机器人动起来，电机至关重要。直流电机是其中应用比较广泛的一种电机。驱动机器人行动的电机除了直流电机外，还可以是步进电机、伺服电机等。

同学们在编程方面不仅要学会在IDE中直接输入命令，使小曼的双脚动起来，同时还要学会编写函数，通过参数的输入来调用函数，从而达到使程序有效便捷运行的目的。本章就让我们一起来探究如何用直流电机为机器人打造一双灵活的"双脚"吧。

一、小曼的双脚：直流电机和步进电机

（一）直流电机

直流电机是将直流电能转换为机械能的转动装置。电动机定子提供磁场，直流电源向转子的电枢绕组提供电流，换向器使转子电流与磁场产生的转矩保持方向不变。简单来说，直流电机的工作原理是利用了磁性的相吸相斥使之转动。

图5-1　直流电机内部结构图

直流电机中固定有环状永磁体，使转子上的线圈一直处于磁场中，当电流通过线圈时会产生电磁力。因此，在转子末端的电刷与转换片交替接触时，线圈两边会受到大小相同但方向相反的电磁力，从而形成电磁转矩，在电磁转矩的作用下线圈会不停地转动，保证电机能在一个方向上连续转动。

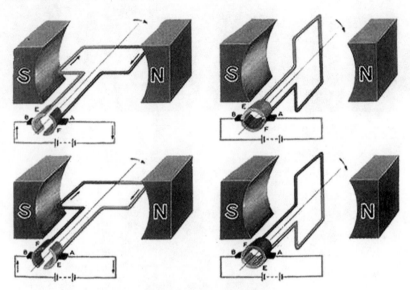

图5-2　直流电机工作原理

直流电机可以通过以下方式来控制转速：

（1）调节电枢供电电压

优点：实现一定范围内无级平滑调速，时间常数小，快速响应。

缺点：需要大容量可调直流电源。

（2）改变电动机主磁通

优点：可以实现无级平滑调速，属恒功率调速，所需电容量小。

缺点：时间常数大，响应速度较慢。

（3）改变电枢回路电阻（缺点多，很少采用）

优点：设备简单，操作方便。

缺点：只能有级调速，调速平滑性差，机械特性较软；在调速电阻上消耗大量电能。

（二）直流减速电机

直流减速电机是通过齿轮进行减速的直流电机，即普通直流电机加微型齿轮减速箱，能够提供较低的转速和较大的力矩。小曼机器人可以根据控制信号，驱动控制直流减速电机，从而实现车轮的正反转和调速的功能。

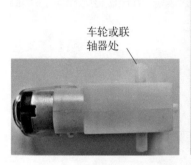

图5-3　直流减速电机外观

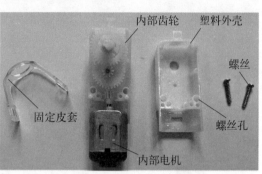

图5-4　直流减速电机内部构造

图5-5　直流减速电机驱动模块

（三）步进电机

步进电机是一种将电脉冲信号转换成机械角位移的开环控制电机。虽然步进电机也是由转子和定子两部分组成，但它的工作方式与之前学过的直流电机有所不同。以永磁步进电机为例，转子的材料一般是永磁体，定子的材料是铁芯，定子上缠绕线圈，相对定子的线圈是相连的，这样就形成了一组绕组。假设有两组这样的绕组，A组和B组（如图5-7所示），我们称它们为A相和B相。当A相定子线圈通电后会产生磁场（励磁），这就会吸引永磁转子与之对准，从而使转子转动一个角度。当换成B相得电时，转子又转动一个角度。如此每相不停轮流通电，转子就会不停地转动。而步进电机驱动器就是利用电子电路将直流电变成能够分时供电的、多相时序控制电流，从而使步进电机可以正常工作。

当步进电机接收到一个电脉冲信号，按照上面描述的工作原理，转子就会定向相应地转动一个固定的角度，每次转动的最小角度称为"步距角"。步进电机是依靠脉冲数量来控制角位移量的，脉冲数越多，电机转动的角度越大。大多数步进

图5-6 步进电机外观

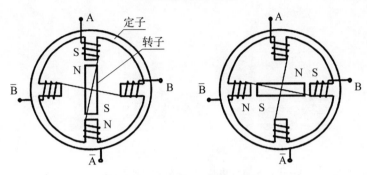

图5-7 步进电机结构示意图

电机的步距角为1.8度。这就意味着需要200步才能使轴转动一圈（360度）。同时，我们可以通过控制电脉冲的频率来控制电机转动的速度和加速度，也就是说间隔多久发送一个电脉冲信号或者在单位时间内发送多少个电脉冲信号，从而达到对步进电机调速的目的。

在不超载的情况下，步进电机可以在没有传感器提供反馈的情况下精确地转动到设定位置，所以说步进电机是一种开环控制电机。典型的应用有打印机，CD播放器，自动钻孔机的定位，等等。步进电机也是机器人的理想选择，特别适合于仅在室内移动且重量不超过20 kg的机器人。

步进电机不仅可以进行角位移，也可以以线性电机的形式存在，此处就不具体展开，感兴趣的同学可以尝试自己去查阅和学习相关知识。

二、实验材料

- Arduino Mega 2560 Rev3 * 1
- USB 连接线 * 1
- 12 V 电池 * 1

- 电池降压模块 * 1
- 直流减速电机 * 2
- 直流减速电机驱动模块 * 1
- 面包板 * 1
- 面包板跳线 若干

三、基本线路图

直流减速电机驱动模块与Arduino开发板的连接方法如表5-1所示。具体连接线路图见附录部分图5。

表5-1　直流减速电机驱动模块连接

Arduino开发板	直流减速电机驱动模块
GND	–
Vin	+
SDA20	1
3	2
SCL21	3
4	4

四、实现代码

（一）引脚定义及初始化参考程序

定义两个数组，分别存放左右电机引脚所对应的Arduino引脚编号，并对四个引脚进行初始化设置：

```
int myMotorL[2] = {3, 20}; // 左电机引脚3、20
int myMotorR[2] = {4, 21}; // 右电机引脚4、21
void setup() {
    // 设置左右电机的引脚为输出模式
    pinMode(myMotorL[0], OUTPUT);
    pinMode(myMotorL[1], OUTPUT);
    pinMode(myMotorR[0], OUTPUT);
    pinMode(myMotorR[1], OUTPUT);
    // 设置电机的初始状态为停止
    analogWrite(myMotorL[0], 255);
    analogWrite(myMotorL[1], 255);
    analogWrite(myMotorR[0], 255);
    analogWrite(myMotorR[1], 255);
}
```

（二）电机转动控制参考程序

Arduino的3号引脚输出低电平，20号引脚输出高电平，使左电机逆时针方向旋转：

```
void loop() {
    // 左电机逆时针旋转
    analogWrite(myMotorL[0], 0);
    analogWrite(myMotorL[1], 255);
}
```

Arduino的4号引脚输出低电平，21号引脚输出高电平，使右电机顺时针方向旋转：

```
void loop() {
```

```
    // 右电机顺时针旋转
    analogWrite(myMotorR[0], 0);
    analogWrite(myMotorR[1], 255);
}
```

Arduino的3号引脚输出高电平，20号引脚输出低电平，使左电机顺时针方向旋转：

```
void loop() {
    // 左电机顺时针旋转
    analogWrite(myMotorL[0], 255);
    analogWrite(myMotorL[1], 0);
}
```

Arduino的4号引脚输出高电平，21号引脚输出低电平，使右电机逆时针方向旋转：

```
void loop() {
    // 右电机逆时针旋转
    analogWrite(myMotorR[0], 255);
    analogWrite(myMotorR[1], 0);
}
```

Arduino的3号引脚输出低电平，20号引脚输出低电平，使左电机停止转动：

```
void loop() {
    // 左电机顺时针旋转
    analogWrite(myMotorL[0], 0);
    analogWrite(myMotorL[1], 0);
}
```

Arduino的4号引脚输出低电平，21号引脚输出低电平，使右电机停止转动：

```
void loop() {
    // 右电机逆时针旋转
    analogWrite(myMotorR[0], 0);
    analogWrite(myMotorR[1], 0);
}
```

（三）电机转动速度控制参考程序

通过改变电机两端的电压差，即可控制电机转速。analogWrite(pin, value)函数可以控制Arduino引脚输出PWM信号，模拟出不同的电压值。其中value值的范围为0—255，对应的输出电压值为0—5 V。

如下程序，左电机以最快速度转动。尝试将255改为其他数值，观察电机的转速有何变化。

```
void loop() {
    // 左电机顺时针旋转
    analogWrite(myMotorL[0], 255);
    analogWrite(myMotorL[1], 0);
}
```

（四）机器人运动控制参考程序

小曼机器人底部有两个电机，左右各一个，通过左右电机不同旋转方向的组合，即可实现机器人的前进、后退、左转、右转、停止。

左电机	右电机	机器人运动方向
逆	顺	前进
顺	逆	后退
顺	顺	左转
逆	逆	右转
停止	停止	停止

机器人前进：

```
void loop() {
    // 左电机逆时针旋转
    analogWrite(myMotorL[0], 0);
    analogWrite(myMotorL[1], 255);
    // 右电机顺时针旋转
    analogWrite(myMotorR[0], 0);
    analogWrite(myMotorR[1], 255);
}
```

机器人后退：

```
void loop() {
    // 左电机顺时针旋转
    analogWrite(myMotorL[0], 255);
    analogWrite(myMotorL[1], 0);
    // 右电机逆时针旋转
    analogWrite(myMotorR[0], 255);
    analogWrite(myMotorR[1], 0);
}
```

机器人左转：

```
void loop() {
    // 左电机顺时针旋转
    analogWrite(myMotorL[0], 255);
    analogWrite(myMotorL[1], 0);
    // 右电机顺时针旋转
    analogWrite(myMotorR[0], 0);
    analogWrite(myMotorR[1], 255);
}
```

机器人右转：

```
void loop() {
    // 左电机逆时针旋转
    analogWrite(myMotorL[0], 0);
    analogWrite(myMotorL[1], 255);
    // 右电机逆时针旋转
    analogWrite(myMotorR[0], 255);
    analogWrite(myMotorR[1], 0);
}
```

机器人停止：

```
void loop() {
    // 左电机停止转动
    analogWrite(myMotorL[0], 0);
    analogWrite(myMotorL[1], 0);
    // 右电机停止转动
    analogWrite(myMotorR[0], 0);
    analogWrite(myMotorR[1], 0);
}
```

（五）自定义函数控制参考程序

在程序编写过程中，如果每条命令都是直接书写的话，程序会非常冗余，维护及阅读均会比较困难。

C语言是一种面向过程的编程方法，可以让重复的命令放在一个函数中。在程序的运行过程中，只调用一下函数即可完成各种工作，这会使得代码更简洁，编程也更加方便。

moveRobot() 就是一个让小曼进行跑步的函数。其中 dir、moveSpeed 为 moveRobot() 函数的两个入口参数，dir 代表机器人的运动方向，moveSpeed 代表机器人的运动速度。

dir可取数值为0、1、2、3、4，分别代表停止、前进、后退、左转、右转。

moveSpeed在定义时给了默认值255，因此，在调用该函数时，如果不填moveSpeed的值，小曼机器人会以最快速度运动。

```
void moveRobot(int dir, int moveSpeed = 255) {
// 参数说明［dir:方向（0：停止；1：前进；2：后退；3：左转；4：右转）；
moveSpeed:速度（175-255），默认值为255］
    if(dir == 0) {                           // 停止
        // 左电机停止转动
        analogWrite(myMotorL[0], 0);
        analogWrite(myMotorL[1], 0);
        // 右电机停止转动
        analogWrite(myMotorR[0], 0);
        analogWrite(myMotorR[1], 0);
    }
    else if(dir == 1) {                      // 前进
        // 左电机逆时针旋转
        analogWrite(myMotorL[0], 0);
        analogWrite(myMotorL[1], moveSpeed);
        // 右电机顺时针旋转
        analogWrite(myMotorR[0], 0);
        analogWrite(myMotorR[1], moveSpeed);
    }
    else if(dir == 2) {                      // 后退
        // 左电机顺时针旋转
        analogWrite(myMotorL[0], moveSpeed);
        analogWrite(myMotorL[1], 0);
        // 右电机逆时针旋转
        analogWrite(myMotorR[0], moveSpeed);
        analogWrite(myMotorR[1], 0);
    }
```

```
else if(dir == 3) {                    // 左转
    // 左电机顺时针旋转
    analogWrite(myMotorL[0], moveSpeed);
    analogWrite(myMotorL[1], 0);
    // 右电机顺时针旋转
    analogWrite(myMotorR[0], 0);
    analogWrite(myMotorR[1], moveSpeed);
}
else if(dir == 4) {                    // 右转
    // 左电机逆时针旋转
    analogWrite(myMotorL[0], 0);
    analogWrite(myMotorL[1], moveSpeed);
    // 右电机逆时针旋转
    analogWrite(myMotorR[0], moveSpeed);
    analogWrite(myMotorR[1], 0);
}
}
```

定义了moveRobot()函数后，在编写控制机器人运动的程序时会非常方便，例如要控制机器人前进，只需要调用moveRobot()函数，并传入方向、速度参数，

```
moveRobot(1, 255);
```

如下程序，机器人前进3秒，后退3秒，最后停止，

```
moveRobot(1, 255);      // 前进
delay(3000);
moveRobot(2, 255);      // 后退
delay(3000);
moveRobot(0);           // 停止
```

这就是直流电机的魅力，有了它，小曼步法敏捷，无论是加速跑还是减速缓

行，亦或是前进后退，能都"信足拈来"。

五、实践与思考

请同学们根据以上实验进行思考。首先完善机器人小车的简单搭建，并在掌握以上程序编写方法后，能够调用函数的方法灵活控制机器人，使机器人能够按照正方形的行进操作。请把设计的程序代码写在方框中。

我的设计思路：

第六章

机器人的臂：拥抱世界

现在，人形机器人在结构上已经越来越像人类了，它们像人类一样有手和脚。人类的手脚活动主要靠关节，而机器人想要像人类一样活动手脚就需要有一个可以旋转的结构。最简单的可旋转结构就是舵机。

本章将探究如何控制舵机使得机器人像人类一样活动。通过本章的学习，希望同学们掌握通过调节PWM（脉冲宽度调制）信号的占空比来实现舵机的转动角度的原理。在编程方面要求学会调用系统自带的Servo类进行操作。

一、小曼的双臂：舵机

（一）舵机基本原理

与人类的关节类似，机器人想要灵活地动起来也需要关节，最适合制作关节的部件是舵机。舵机是一种位置（角度）伺服的驱动器，适用于需要角度不断变化并可以保持的控制系统。舵机应用广泛，主要应用在遥控模型、机械臂控制、船舶液压舵机系统，以及导弹姿态变换的俯仰、偏航、滚转运动等。

舵机主要是由外壳、电路板、驱动马达、减速器与位置检测元件构成。其工作原理是由接收机发出讯号给舵机，经由电路板上的IC驱动无核心马达开始转动，

舵杆安装处

螺丝固定孔

图6-1　舵机

通过减速齿轮将动力传至摆臂，同时由位置检测器送回讯号，判断是否已经到达定位。位置检测器其实就是可变电阻，当舵机转动时电阻值也会随之改变，借由检测电阻值便可知道转动的角度。一般的伺服马达是将细铜线缠绕在三极转子上，当电流流经线圈时便会产生磁场，与转子外围的磁铁产生排斥作用，进而产生转动的作用力。

依据物理学原理，物体的转动惯量与质量成正比，因此要转动质量越大的物体，所需的作用力也越大。舵机为求转速快、耗电小，于是将细铜线缠绕成极薄的中空圆柱体，形成一个质量极轻的无极中空转子，并将磁铁置于圆柱体内，这就是空心杯马达。

（二）舵机控制

接下来学习如何使用Arduino控制舵机，首先学习舵机的接线。我们使用的舵机有三根线，分别是棕色、红色和橙色。其中，棕色线是Gnd、红色线是Vcc、橙色线是信号线。

舵机有很多规格，但所有的舵机都有外接三根线。由于舵机品牌不同，颜色也

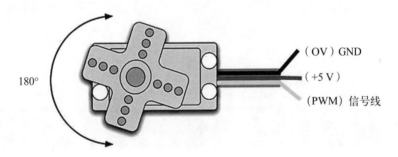

图6-2 舵机的外接线

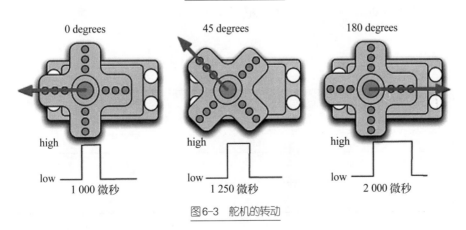

图6-3 舵机的转动

会有所差异，三根线分别为接地线、电源正极线和信号线。

舵机的转动角度是通过调节PWM信号的占空比来实现的，标准PWM信号的周期固定为20 ms（50 Hz），理论上脉宽分布应在1 ms—2 ms之间。但是，事实上脉宽可在0.5 ms—2.5 ms之间，脉宽和舵机的转角范围0°—180°相对应。值得注意的是，由于舵机品牌不同，对于同一信号，不同品牌舵机旋转的角度也会有所不同。

二、实验材料

- Arduino Mega 2560 Rev3 * 1
- USB连接线 * 1
- 舵机 * 1
- 面包板 * 1
- 面包板跳线 若干

三、基本线路图

舵机和Arduino开发板的连接方法如表6-1所示。具体连接线路图见附录部分图6。

表6-1 舵机连接

Arduino开发板	舵 机
Gnd	棕色线
5 V	红色线
7	橙色线

四、实现代码

当我们把舵机、Arduino 与电脑连接好之后就可以编写程序对舵机进行控制了。程序还是在 Arduino IDE 中进行编写。通过学习，希望同学们掌握如何导入 Arduino 自带的 Servo 类成员函数，能熟悉掌握 Servo 类成员函数的实现方法，调用 Servo 类成员函数完成舵机的各项运动。

首先，将舵机控制程序写在 Arduino IDE 中，程序如下：

```
#include <Servo.h>        //引用 Servo
#define myservoPin 7    //定义舵机引脚端口号 7 常量定义
Servo myservo;    //舵机定义
void setup() {
    myservo.attach(myservoPin);    //设定舵机接口
}
void loop(){
    myservo.write(0);    //设置舵机角度
}
```

第一行 #include <Servo.h> 语句的目的是启用 Servo.h 这个库函数。

Arduino 中有很多库函数，有些硬件需要搭配相应的库函数进行使用。舵机就是一个需要库函数来支持工作的硬件，所以在写程序之前需要先启用这个库函数。

第二行 #define myservoPin 7 的目的是将 7 号端口作为常量定义，如果你的程序需要对某一个端口进行多次使用的话，将其作为一个常量定义可以减少错误。

接下来的程序是对舵机进行控制的具体执行语句，首先是 Servo myservo; 舵机定义语句的写法，前面的 Servo 是舵机定义的意思，后面的 myservo 是为舵机起的名字，注意不能用中文字符。myservo.attach(myservoPin); 设定舵机接口，括号内是舵机信号线连 Arduino 端口的编号，这里的 myservoPin 是常量，就等于 7，所以可以这样编写。myservo.write(0) 让舵机旋转到设定的角度，括号内是 0—180 中的任意数字。

请同学们将这个程序上传到 Arduino 开发板，如果程序正确的话会看到舵机旋转到 0° 的位置。接着，将 myservo.write(0) 括号中的 0 改成任意 0—180° 之间的角度，再上传程序看看舵机是否转到设定的角度。

现在，我们让舵机模拟一个招手的动作。招手动作的原理就是让舵机转到某个角度之后停顿一段时间，然后转到第二个角度再停顿一段时间。所以，要完成招手的动作至少需要让舵机在两个角度上保持一定的时间。在这里，时间控制可以用delay语句来实现。delay语句可以使舵机保持上面的状态一段时间，括号内填写的时间以毫秒为单位，1秒=1000毫秒，即delay后面括号内的数字1000是1秒。如果想让舵机保持2秒，则需要将delay语句中括号里面的数字改为2000即可。

示例程序如下：

```
#include <Servo.h>      //引用 Servo
#define myservoPin 7    //定义舵机引脚端口号7常量定义
Servo myservo;  //舵机定义
void setup(){
    myservo.attach(myservoPin);   //设定舵机接口
}
void loop(){
    myservo.write(30);   //设置舵机角度为30度
    delay(1000);  //停留1秒
    myservo.write(120);   //设置舵机角度为120度
    delay(1000);  //停留1秒
}
```

请同学们把这个示例上传到Arduino开发板上，并观察舵机是否在两个角度之间摆动类似招手的动作。除了简单的招手，我们还可以通过对舵机进行程序编写，赋予小曼更多的臂部动作呢！

五、实践与思考

前面为机器人设计的招手程序中的过程比较快，不是很自然的招手动作，下面可以让机器人的招手动作更自然一点，即降低中间过程的速度。同学们可以在设置舵机角度30度和120度之间多进行几次短暂停留，每次停留时间20毫秒，相当于让舵机在30度到120度之间缓慢转动，中间有几次短暂的停顿。同学们尝试编写一个中间多几次短暂停顿的程序，并测试一下，中间停顿几次时会比较自然，并将最终的程序写在下方的空白处。

我的设计思路：_____

_____

_____

第七章

机器人的鼻子：灰尘克星

2011年1月1日开始，我国环保部发布的《环境空气PM10和PM2.5的测定重量法》开始实施，首次对PM2.5的测定进行规范。2012年5月24日，我国环保部公布了《空气质量新标准第一阶段监测实施方案》，要求全国74个城市在当年10月底前完成PM2.5"国控点"监测的试运行。2013年10月17日，世界卫生组织下属国际癌症研究机构发布报告，首次指出大气污染对人类致癌，并视其为普遍和主要的环境致癌物。

保护环境是人们都很关心的事情，也是人们应尽的义务。机器人在环保方面有很多应用，如进行垃圾搬运、空气净化等。如果让机器人进行空气净化，首先需要知道哪里的空气需要被净化。这时就需要使用灰尘传感器来精确地测量空气中的灰尘浓度，从而找到最需要进行空气净化的地点。

本章主要探究机器人灰尘传感器的相关知识，通过本章的学习，希望同学们掌握机器人进行空气质量检测的原理。

一、小曼的鼻子：灰尘传感器

（一）PM2.5生成来源

颗粒物的成分很复杂，主要取决于其来源。颗粒物的来源主要有自然源和人为源两种，但危害较大的是后者。

1. 自然源

自然源包括土壤扬尘（含有氧化物矿物和其他成分）、海盐（颗粒物的第二大来源，其组成与海水的成分类似）、植物花粉、孢子、细菌等。自然界中的灾害事件，如火山爆发向大气中排放了大量的火山灰，森林大火或裸露的煤原大火及尘暴事件都会将大量细颗粒物输送到大气层中。

2. 人为源

人为源包括固定源和流动源。固定源包括各种燃料燃烧源，如发电、冶金、石油、化学、纺织印染等各种工业过程，供热、烹调过程中燃煤与燃气或燃油排放的烟尘。流动源主要是各类交通工具在运行过程中使用燃料时向大气中排放的尾气。

PM2.5可以由硫和氮的氧化物转化而成。而这些气体污染物往往是人类对化石燃料（煤、石油等）和垃圾的燃烧造成的。在发展中国家，煤炭燃烧是家庭取暖和能源供应的主要方式。没有先进废气处理装置的柴油汽车也是颗粒物的来源。燃烧柴油的卡车，排放物中的杂质导致颗粒物较多。

（二）灰尘传感器

灰尘传感器最早生产于日本，一开始是用来感知房屋中的灰尘，如花粉、烟尘等微小颗粒。它的原理其实很简单，大家想象一下，当清晨阳光照进卧室或者在强光手电的光束前，常常可以看见那些飘浮在空中的灰尘。其原因就是灰尘颗粒在光的照射下会产生散射现象。因此，灰尘传感器利用了光的散射来检测出空气环境中的微颗粒的含量，然后转换成电信号输出。

灰尘传感器一共有6根线，6根线有不同的颜色，表示不同的端口。

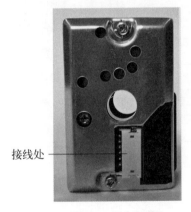

接线处

图7-1　灰尘传感器

图7-2　灰尘传感器与接线

二、实验材料

- Arduino Mega 2560 Rev3 * 1
- USB 连接线 * 1

- 灰尘传感器 * 1
- 面包板 * 1
- 面包板跳线 若干

三、基本线路图

灰尘传感器和Arduino开发板的连接方法如表7-1所示。具体连接线路图见附录部分图7。

表7-1 灰尘传感器和Arduino连接

Arduino开发板	传感器端口	颜　色
5v	1	蓝色
Gnd	2	绿色
2号端口	3	白色
Gnd	4	黄色
A0	5	黑色
5v	6	红色

四、实现代码

灰尘传感器读取数据的程序较为复杂，主要是由于灰尘传感器读取数值要经过一次转换才能得到空气灰尘浓度的数值。程序设定部分代码如下：

```
int dustPin=0;
float dustVal=0;
```

```
float b;

int ledPower=2;

int delayTime=280;

int delayTime2=40;

float offTime=9680;

void setup(){

    Serial.begin(9600);

    pinMode(ledPower,OUTPUT);

    pinMode(dustPin, INPUT);

}
```

首先定义端口以及存储灰尘传感器数值的变量。程序代码如下：

```
int dustPin=0;

float dustVal=0;

float b;

int ledPower=2;
```

接下来定义的数值是为了计算空气灰尘浓度所需要的常量，然后是端口输入输出模式以及串口监视器初始化的定义，最后是灰尘传感器主程序的编写。示例如下：

```
void loop(){
// ledPower is any digital pin on the arduino connected to Pin 3 on the sensor
    digitalWrite(ledPower,LOW);
    delayMicroseconds(delayTime);
    dustVal=analogRead(dustPin);
    delayMicroseconds(delayTime2);
    digitalWrite(ledPower,HIGH);
    delayMicroseconds(offTime);
    delay(1000);
    if (dustVal>36.455){
        b=((dustVal/1024)-0.0356)*120000*0.035;
```

```
    Serial.println(b);
  }
}
```

由于灰尘传感器是利用光的散射现象来检测灰尘浓度。所以，需要在检测时开启灰尘传感器中的灯，检测结束后再将灯关闭。主程序的第一段就是按照一定的时间比例进行开灯和关灯的程序，并且将灰尘传感器读取的数据记录在变量dustVal中。

```
digitalWrite(ledPower,LOW);
delayMicroseconds(delayTime);
dustVal=analogRead(dustPin);
delayMicroseconds(delayTime2);
digitalWrite(ledPower,HIGH);
delayMicroseconds(offTime);
```

其中，延时括号内的数值都是在程序开始时定义的。然后是读取灰尘数据的程序代码。

```
if (dustVal>36.455){
  b=((dustVal/1024)-0.0356)*120000*0.035;
  Serial.println(b);
}
```

读取灰尘程序中有一个if(){}语句，if语句表示判断，小括号内是判断的条件，大括号内是如果满足小括号内的条件将要执行的程序。例如，上面这段程序代表如果变量dustVal的值大于36.455，那么变量b就会被赋予((dustVal/1024)-0.0356)*120000*0.035这个算式最终得到的值。然后，将这个值显示在串口监视器中。

最后，将写好的程序上传到Arduino开发板中，首先点击工具下面的串口监视器，这样就能够在串口监视器上看到当前的灰尘浓度了。如图7-4所示数据为灰尘传感器测得空气中所含灰尘的浓度。

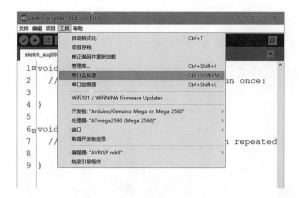

图7-3 程序串口监视器

图7-4 串口监视器上数据显示

测试得到的数据和空气质量对照：

表7-2 测量数据与空气质量对照表

测量数据	空气质量
3 000+	很差
1 050—3 000	差
300—1 050	一般
150—300	好
75—150	很好
0—75	非常好

大家可以按照上述标准测试一下当前环境中的空气质量。

现在同学们知道可爱的小曼为什么还能当上空气检测员了吧，这都是灰尘传感器的功劳。

五、实践与思考

本章我们学习了灰尘传感器的使用，大家可以在学校和家中进行测试，通过 Arduino 串口上的数据与气象预报中的 PM2.5 值进行比对。也可以人为制造一些烟雾让空气中灰尘浓度上升，并将上升前和上升后的空气质量都记录下来，写在下方空白处。

我的设计思路：_____

_____

_____

第八章

机器人的耳朵：耳听八方

现在有很多可移动机器人在为人类服务。例如，家用扫地机器人、仓库的搬运机器人等。那么，机器人在移动的时候是如何避免与其他物体相撞呢？

原来，机器人会利用超声波传感器这双灵敏的"耳朵"，不停地测量前后左右四个方位与其他物体的距离，并且在专用算法的指导下进行避障操作。

一、小曼的耳朵：超声波传感器

（一）超声波基本原理

在自然界中，有不少动物是没有视觉的，它们很多都是靠超声波来定位，如蝙蝠。超声波的声波频率高于20 000赫兹，超过了人类的听觉频率范围，故而得名。超声波具有很强的穿透能力但又没有放射性，有很好的方向性，而且在水中也能远距离传播，所以在工业、农业、医疗、军事等领域有着广泛的应用。最常见的是超声波清洗仪、超声波诊断仪、超声波碎石、超声波测速、超声波测距等。

1. 超声波测距

超声波传感器能够无接触地检测到物体并测量出传感器自身与物体的距离，是一种很常用的测量距离的传感器。超声波测距原理如图8-1所示。

（1）超声波传感器的发射装置会周期性地发出超声波脉冲，它在空气中以声速传播。

（2）超声波撞击到物体就会被反射回来。

（3）反射波最终被传感器的接收装置获取。

传感器从发射超声波的同时开始计时，在接收到反射波时停止计时，这样超声波从发射到接收整个过程耗费的时间t就得到了。声波在空气中的传播速度为340 m/s，那么超声波传感器到物体的距离s就可以用以下公式计算得到：s=340*t/2。

超声波传感器常被用于工业现场、建筑工地、倒车提醒等距离测量。虽然，目前可测量的距离已

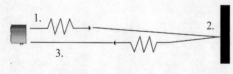

图8-1　超声波测距原理图

经越来越远，甚至可达百米，但测量的精度仍然不够，往往只能达到厘米数量级。值得注意的是，用于距离测量的超声波传感器能够检测到不同材质的物体，如金属、木材或塑料。但是，如果遇到吸音材料，如棉花、海绵等材料就很难被超声波传感器检测到。

2. 超声波传感器的控制

常用的超声波传感器有许多不同的结构，有直探头（发射纵波）、斜探头（发射横波）、表面波探头（发射表面波）、兰姆波探头（发射兰姆波）、双探头（一个探头发射、一个探头接收）等。

超声波传感器与前面所学的传感器稍有不同，它有4个外接端口，分别是Vcc端（表示正极），Gnd端（表示接地极），Trig端（用于发出超声波），Echo端（用于接收超声波）。

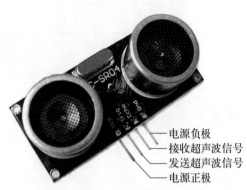

电源负极
接收超声波信号
发送超声波信号
电源正极

图8-2　超声波传感器

二、实验材料

- Arduino Mega 2560 Rev3 * 1
- USB 连接线 * 1
- 超声波传感器 * 1
- 面包板 * 1
- 面包板跳线 若干

三、基本线路图

超声波传感器和Arduino接线如表8-1所示。具体连接线路图见附录部分图8。

表8-1　超声波传感器和Arduino接线

Ardino开发板	超声波传感器
GND	Gnd
3号端口	Echo
2号端口	Trig
5v	Vcc

四、实现代码

当我们把超声波传感器和Arduino连接之后就可以开始编写程序了。超声波传感器的程序相比之前学过的传感器控制程序更复杂一些。首先是设定部分的代码编写。

```
int TrigPin = 2;
int EchoPin = 3;
float cm;
void setup() {
    Serial.begin(9600);
    pinMode(TrigPin, OUTPUT);
    pinMode(EchoPin, INPUT);
}
```

先定义变量，将发出超声波的端口和接收超声波的端口都进行定义，分别定义为2和3。接下来float cm;定义一个浮点型变量。定义的数据类型是float，变量名字是cm。浮点型的意思是小数，默认保留小数点后2位。

因为超声波传感器需要一个端口发出超声波，一个端口接收超声波，所以有两个定义的端口，pinMode(TrigPin, OUTPUT);定义发出超声波的端口为输出，pinMode(EchoPin, INPUT);定义接收超声波的端口为输入。

然后是主程序，利用超声波传感器测量距离的程序写法编写代码。

```
void loop(){
    digitalWrite(TrigPin, LOW); //发一个电平低—高—低变化的短时间脉
        冲去 TrigPin
    delayMicroseconds(2);
    digitalWrite(TrigPin, HIGH);
    delayMicroseconds(10);
    digitalWrite(TrigPin, LOW);
    cm = pulseIn(EchoPin, HIGH) / 58.0; //将回波时间换算成cm
    Serial.print(cm);
    Serial.print("cm");
    Serial.println();
    delay(1000);
}
```

代码的第一部分控制超声波传感器发出一个超声波。在短时间内控制发出超声波的端口开—闭—开就能发出一个短的超声波。digitalWrite(TrigPin, LOW);关闭超声波发送端，digitalWrite(TrigPin, HIGH);打开超声波发送端。delayMicroseconds(2);语句也是一个延时的语句，它和delay语句最大的区别是括号里面的数字代表的是微秒。而delay语句括号里面的数字代表毫秒。毫秒与微秒之间的换算公式：1毫秒=1 000微秒。

然后，将超声波从发出到接收的时间转化为距离。在这里，距离的单位使用厘米。cm = pulseIn(EchoPin, HIGH) / 58.0; pulseIn函数其实就是一个简单的测量脉冲宽度的函数，默认单位是微秒。也就是说，pulseIn测出来的是超声波从发射到接收所经过的时间。对于除数58也很好理解，声音在干燥、20摄氏度的空气中的传播速度大约为343米/秒，合34 300厘米/秒。作一下单位换算，34 300除以1 000 000厘米/微秒，即为0.034 3厘米/微秒。再换一个角度，1/（0.034 3厘米/微秒）即29.15微秒/厘米。这就意味着，每291.5微秒表

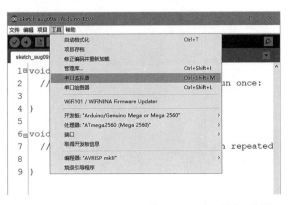

图8-3　Arduino的串口监视器

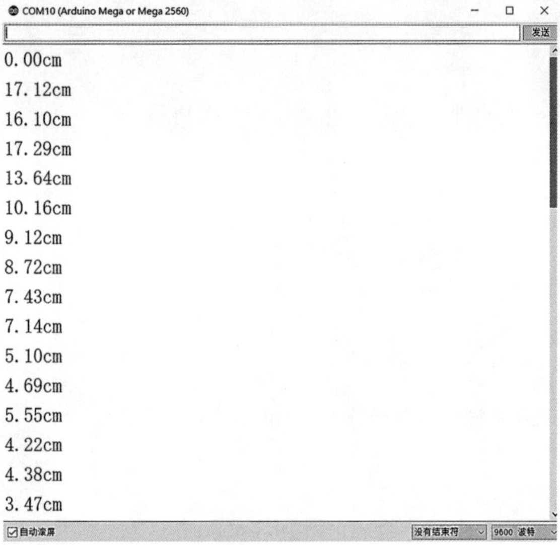

```
COM10 (Arduino Mega or Mega 2560)          –   □   ×
                                                      发送
0.00cm
17.12cm
16.10cm
17.29cm
13.64cm
10.16cm
9.12cm
8.72cm
7.43cm
7.14cm
5.10cm
4.69cm
5.55cm
4.22cm
4.38cm
3.47cm
☑ 自动滚屏                   没有结束符 ∨  9600 波特 ∨
```

图8-4 串口监视器显示的距离数据

示10厘米的距离，1厘米就是29.15微秒。从超声波发送后到接收到回波，超声波走了两倍的路程，所以最后除以58。

接下来将测得的数据加一个单位显示在串口监视器上。最后，测量间隔是1秒1次。将编写好的程序上传到Arduino之后，打开串口监视器就能看到如图8-4所示数据，图中数据为超声波传感器所测得传感器与物体间的距离。

超声波传感器赋予了小曼一双灵敏的耳朵，让它时刻洞悉周边事物，"闭着眼睛"也能行动自如。

五、实践与思考

本章我们学习了超声波传感器的使用，大家可以用超声波传感器测量一下日常生活中物体之间的距离并把在串口监视器上的读数与实际用尺测量的距离记录下来进行比较，并写在方框空白处。

我的设计思路：_____

_____

第九章

机器人的皮肤：感知冷暖

目前，机器人已经在世界各地得到了广泛应用，从炎热的吐鲁番火焰山到寒冷的南极考察站，从潮湿的热带雨林到干旱的撒哈拉大沙漠。不同的地理位置有着不同的温度、不同的湿度。为了让机器人能够快速地适应当地的气候和周遭的环境，需要赋予它自动感知温度和湿度的能力。这时，需要用到温湿度传感器。

本章将介绍如何在Arduino中导入第三方库文件的方法。理解并掌握这一方法，并能在互联网上快速有效地寻找到合适的库文件，将会使你的编程能力有飞速的提升。

一、小曼的皮肤：温湿度传感器

温湿度传感器在日常生活中应用很广泛，如机房空调、农业暖棚、文物所处环境的监控等，是人们常用的传感器之一。

温湿度传感器可以测量空气中的温度和湿度，然后将其按一定的规律转换成电信号或其他所需形式输出。空调就是通过不停地检测环境中的温湿度，从而进行风量大小的调节，使环境能够达到恒温的效果，从而让人们感到舒适。

下面看看小曼是如何使用温湿度传感器的。图9-1所示温湿度传感器含有3个端口。

图9-1　温湿度传感器

温湿度传感器的3根线分别表示：S表示信号端，+表示正极端，−表示负极端。

二、实验材料

· Arduino Mega 2560 Rev3 * 1

- USB连接线 * 1

- 温湿度传感器 * 1

- 面包板 * 1

- 面包板跳线 若干

三、基本线路图

温湿度传感器与Arduino接线如表9-1所示。具体连接线路图见附录部分图9。

表9-1 温湿度传感器与Arduino

Arduino开发板	温湿度传感器
2号	S
5 V	+
GND	−

四、实现代码

温湿度传感器在编程方面的特殊之处在于不能直接读取数据，必须先加载第三方的函数库，才能正常使用温湿度传感器来读取周围环境的温度和湿度。

（一）第三方库加载方式

（1）下载第三方库

方法一：Arduino IDE中搜索安装。

在 Arduino IDE 中点击"项目"→"加载库"→"管理库",在库管理器中搜索需要的库,并点击安装即可。

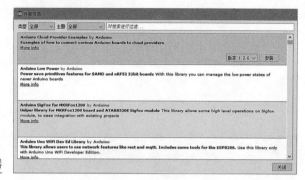

图 9-2　库管理器

方法二:从网页上下载,并解压到 libraries 文件夹中。

(1)从网页上下载库压缩包。

使用 DHT11 温湿度模块,需要用到两个库 DHT-sensor-library 和 Adafruit_Sensor,可以从以下两个网址分别下载。

https://github.com/adafruit/DHT-sensor-library

https://github.com/adafruit/Adafruit_Sensor

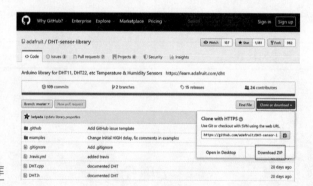

图 9-3　下载第三方库

(2)将两个库文件夹解压到 Arduino 安装目录下的 libraries 文件夹中。

此电脑 > Windows (C:) > Program Files (x86) > Arduino > libraries			
名称	修改日期	类型	大小
Adafruit_Circuit_Playground	2019/7/24 15:06	文件夹	
Adafruit_Sensor-master	2019/7/24 15:14	文件夹	
Bridge	2019/7/24 15:06	文件夹	
DHT-sensor-library-master	2019/7/24 15:14	文件夹	
Esplora	2019/7/24 15:06	文件夹	
Ethernet	2019/7/24 15:06	文件夹	
Firmata	2019/7/24 15:06	文件夹	
GSM	2019/7/24 15:06	文件夹	
Keyboard	2019/7/24 15:06	文件夹	
LiquidCrystal	2019/7/24 15:06	文件夹	

图 9-4　安装第三方库

（二）示例程序

接下来进行程序编写，温湿度传感器只有一个信号端口，它会将温湿度一起传送给 Arduino。

首先编写定义及初始化部分的代码：

```
#include <DHT.h>

#define DHTPIN 2                  // 温湿度传感器信号端口连接到 Arduino
                                   2 号引脚
#define DHTTYPE DHT11             // 设置温湿度传感器类型为 DHT11

DHT dht(DHTPIN, DHTTYPE);        // 初始化温湿度传感器

void setup() {
    Serial.begin(9600);
    dht.begin();                 // 温湿度传感器开始工作
}
```

第一行 #include <DHT.h> 引入温湿度传感器的库。

接下来定义传感器信号端口引脚，以及温湿度传感器类型。温湿度传感器信号端口与 Arduino 2 号引脚连接。温湿度传感器有多种型号，我们使用的是 DHT11。

第四行对传感器进行初始化设置。

然后，定义串口监视器，最后在串口监视器上显示当前环境的温湿度。

下面是读取数据的程序。

```
void loop() {
    float h = dht.readHumidity();       // 读取湿度数据
    float t = dht.readTemperature();    // 读取温度数据

    Serial.print("Humidity(%): ");
```

```
        Serial.print(h);

        Serial.print("    Temperature(℃ ): ");

        Serial.println(t);


        delay(2000);                          // 每2秒读取一次数据
    }
```

程序中定义两个浮点型变量h、t，分别用来存放湿度、温度数据。其中dht. readHumidity()用于读取湿度数据，dht.readTemperature()用于读取温度数据。

读到数据之后，通过串口打印，将温湿度数据显示出来。Serial.print ("Humidity(%): ")和Serial.print("Temperature(℃): ")括号中的双引号表示直接显示引号中的文本。Serial.print(h)和Serial.println(t)分别显示环境湿度、温度数值。

由于温湿度传感器运行较慢，用delay(2000)延时两秒后，再进行下一次检测。

将程序上传到Arduino，然后打开串口监视器，就能看到如图9-5所示的界面：

图9-5 Arduino的串口监视器

图9-6 温湿度传感器读取数据

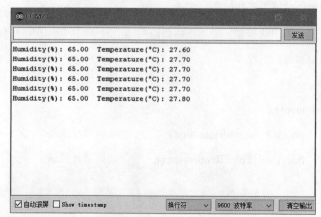

监视器中的每一行代表读取一次数据，Humidity 为湿度，Temperature 为温度。在图9-6中显示出，当前环境的湿度为65%，温度为27.7℃。

有了温湿度传感器，小曼就可以自动感知温度与湿度，随时提醒你增减衣物，成为你的贴身小管家。

五、实践与思考

本章我们学习了温湿度传感器的使用，请同学们自行查阅资料，了解一种温控或湿度控制产品，简要了解其工作原理，并参考这种产品自己设计一种温控或者湿度控制的小家电，并把代码写在方框中。

我的设计思路：＿＿＿＿＿＿＿＿＿＿＿＿＿＿＿＿＿＿＿＿＿＿＿＿＿＿

＿＿＿＿＿＿＿＿＿＿＿＿＿＿＿＿＿＿＿＿＿＿＿＿＿＿＿＿＿＿＿＿＿＿

＿＿＿＿＿＿＿＿＿＿＿＿＿＿＿＿＿＿＿＿＿＿＿＿＿＿＿＿＿＿＿＿＿＿

第十章

机器人的语言：心有灵犀

在日常生活中人们看到的机器人大多都有一个显示屏，能够让人们实时地看到机器人的各种数据。LCD显示器是最常用的显示器之一，使用方便而且能满足人们大部分的显示需求。

下面将学习LCD显示器如何工作。

一、小曼的语言：LCD显示器

人与人之间可以通过语言进行沟通交流，人类如果想要同机器人通过语言进行沟通也需要为其搭建一个极为复杂的语言系统。因为，机器人至少要具备语音识别系统、语音合成系统和非常复杂的人工智能系统，目前也只有为数不多的机器人能够做到。但是，如果只是简单的人机互动，使用LCD显示器就足够了。机器人可以通过在LCD显示器上显示文字与人进行交流。下面先了解一下LCD显示器。

（一）LCD显示器基本原理

LCD显示器即液晶显示器，是一种超薄的平面显示设备。它由一定数量的黑白或者彩色像素组成，在这些像素后面放置光源。之所以称为液晶，是因为在常温条件下，液晶既可以呈现出液体的流动性，又具有晶体的光学性质。在不同电流电场的作用下，液晶分子会进行规则旋转90°排列，产生透光度的差别，如此在通电

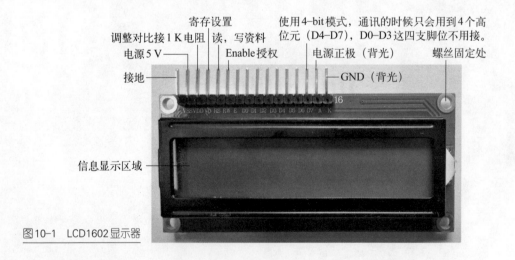

图10-1　LCD1602显示器

和断电状态下会产生明暗的区别，依此原理控制每个像素，便可构成所需图像。正是充分利用了液晶的这一物理特性，夏普公司才成功研发出液晶显示器。

我们主要学习的是LCD1602显示器。LCD1602是一种工业字符型液晶显示器，能够同时显示16×2即32个字符。LCD1602液晶显示同样利用了液晶的物理特性，通过电压对其显示区域进行控制，有电的位置就有显示，这样就可以通过控制给电的位置显示出想要的图形。

（二）LCD1602的控制

先来学习一下LCD1602的引脚定义，LCD1602一共有16个引脚，这16个引脚分别有不同的功能。它们的具体功能如表10-1所示。

表10-1 LCD1602引脚功能

脚 位	名 称	说明
1	Vss	接地（0 V）
2	Vdd	电源（+5 V）
3	Vo或Vee	V0为液晶显示器对比度调整端，接正电源时对比度最弱，接地电源时对比度最高，可以通过一个10 K的电位器调整对比度。
4	RS	Register Select： 1：D0–D7当作资料解释 0：D0–D7当作指令解释
5	R/W	Read/Write mode： 1：从LCD读取资料 0：写资料到LCD，因为很少从LCD这端读取资料，可将此脚位接地以节省I/O脚位
6	E	Enable
7	D0	Bit 0 LSB
8	D1	Bit 1
9	D2	Bit 2
10	D3	Bit 3
11	D4	Bit 4
12	D5	Bit 5

（续表）

脚　位	名　　称	说明
13	D6	Bit 6
14	D7	Bit 7 MSB
15	A+	背光（串接330R电阻到电源）
16	K-	背光（GND）

二、实验材料

- Arduino Mega 2560 Rev3 * 1

- USB连接线 * 1

- LCD1602显示屏 * 1

- 面包板 * 1

- 面包板跳线 若干

三、基本线路图

LCD显示屏连接如表10–2所示。具体连接线路图见附录部分图10。

表10–2　LCD显示屏连接

Arduino开发板	LCD1602显示屏
5 V	+
Gnd	−
32	Rs
30	E

（续表）

Arduino 开发板	LCD1602 显示屏
28	4
26	5
24	6
22	7

四、实现代码

（一）代码

在完成LCD1602与Arduino板卡连接后，本章编程需要学会导入LiquidCrystal函数库，并灵活运用在显示器上定义光标起始位置、文字显示速度、文字显示滚动方向的基础知识。

```
#include <LiquidCrystal.h>   //引用 LiquidCrystal Library
LiquidCrystal lcd(32,30,28,26,24,22);   //引脚定义
//初始化代码
void setup() {
  lcd.begin(16, 2);      //设定 LCD 的列行数目 (16 x 2)
  lcd.print("Hello World!");  //列印 "Hello World"讯息到 LCD 上
}
//主程序
void loop() {
}
```

LCD1602也需要通过加载库函数来进行控制，第一行#include <LiquidCrystal.h>就是加载LCD的库函数，第二行LiquidCrystal lcd(32, 30, 28, 26, 24, 22);定义LCD的引

脚。LCD1602和Arduino之间的6根线分别连接在Arduino的32、30、28、26、24、22端口。然后是设定部分的程序lcd.begin(16, 2);是LCD初始化程序，括号里的16和2分别代表16列2行。lcd.print("Hello World!");是在LCD显示器上面显示Hello World! LCD默认在左上角显示这两个英文单词，而且只能显示英文和数字，不能显示中文。

接下来编写程序控制LCD显示器，首先来看示例：

```
void loop() {
    lcd.setCursor(0, 1);           // 从第2行第1列开始输出
    lcd.print(millis()/1000);      // 列印 Arduino 重启之后经过的秒数
    delay(1000);                   // 延时1秒,每个秒滚动一次
}
```

第一行lcd.setCursor(0, 1);为显示的内容定位，括号内两个数字分别表示列数和行数，列数和行数都是从0开始，所以(0, 1)表示第一列第二行。

第二行lcd.print(millis()/1000); lcd.print()是LCD显示的命令，括号内加双引号是显示文字，括号内不加双引号是显示变量，即数字。括号内的millis()/1000表示Arduino从启动到现在经过的秒数，millis()是Arduino内部的一个指令，表示单片机到现在一共启动了多少时间，单位是毫秒，用这个时间除以1 000就是Arduino从启动到现在一共启动了多少秒。将程序上传到Arduino之后就能看到LCD上显示两行，第一行显示的是Hello World!。第二行显示的是一个数字，即单片机启动到现在的时间，每1秒变化1次，每次加1。

（二）常用LCD类库函数

通过对于LCD类库函数的学习，同学们能够在程序中灵活地调用这些函数，实现光标的定位、光标闪烁、显示内容的左右滚动、显示内容左右改变等方法，并观察显示屏上的变化。

表10-3 常用LCD类库函数说明

	函数名	说　明
1	LiquidCrystal()	构造函数
2	begin()	指定显示屏尺寸

（续表）

	函数名	说 明
3	clear()	清屏并将光标置于左上角
4	home()	将光标置于左上角（不清屏）
5	setCursor()	将光标置于指定位置
6	write()	（在光标处）显示一个字符
7	print()	显示字符串
8	cursor()	显示光标（就是一个下划线）
9	noCursor()	不显示光标
10	blink()	光标闪烁（和8,9一起使用时不保证效果）
11	noBlink()	光标不闪烁
12	noDisplay()	关闭显示，但不会丢失内容（谁把灯关了？）
13	display()	（使用noDisplay()后）恢复显示
14	scrollDisplayLeft()	将显示的内容向左滚动一格
15	scrollDisplayRight()	将显示的内容向右滚动一格
16	autoscroll()	打开自动滚动
17	noAutoscroll()	关闭自动滚动
18	leftToRight()	从左向右显示内容（默认）
19	rightToLeft()	从右向左显示内容

LCD显示屏是小曼的无声语言，通过它小曼可以将检测到的空气质量、感知到的温湿度实时传递给人们。

五、实践与思考

我们已经学习了如何用Arduino控制LCD显示器显示数字和英文，下面请同学们自己编写一段程序，让Arduino产生一段对话，要求至少要有2个问题和2个答案，问题和答案不要超过16个英文字母，可以使用简写或缩写。问题出现1秒钟之后再显示答案，请同学们将程序写在下方空白处。

我的设计思路：

第十一章

机器人的声音：畅所欲言

如今，越来越多的机器人走进人们的生活，成为日常生活的一部分。其中，一些机器人不仅能够对人类的语音进行准确识别，甚至还可以给出恰当的回应。这样，人们能够与这些机器人进行对话，向它们提出问题并得到答案。例如，在出门的时候询问一下天气情况，肚子饿了想要就餐可以问一下附近有哪些好吃的，等等。

那么，究竟如何使机器人听懂人类的语言并与人类交流呢？本章节将学习如何让机器人说话。

一、让机器人讲话：语音模块

（一）语音产生的过程

人发声的过程是肺部呼出的气流通过人的声带，产生有节奏的振动，接着经过口腔的调节，最后从嘴唇发出的过程。人的音色和具体发音与发音时的口腔形状有关。因此我们可以将人发声的过程简单地看作一个激励信号（气流）通过滤波器（口腔形状）调制，最后通过嘴唇发射出去的过程。

（二）语音识别

语音识别技术是计算机使用麦克风采集人类语音内容，通过语音识别模块和专门的程序对其进行分析，并将其自动转换成相应文字的一种技术，所以它也被称为自动语音识别（ASR，Automatic Speech Recognition）或语音转文本识别（STT，Speech To Text）。语音识别需要对采集到的语音信号进行分析和处理，然后提取语音特征，建立相应的模型，并据此作出进一步判断。语音识别技术涉及发声机理、听觉机理、信号处理、模式识别、概率论和信息论、人工智能等许多领域，是一门名副其实的交叉学科。

接下来先一起了解一下语音识别的整个过程，其流程如图11-1所示。

要实现整个语音识别过程，除了需要麦克风接收语音，其他核心部分的功能

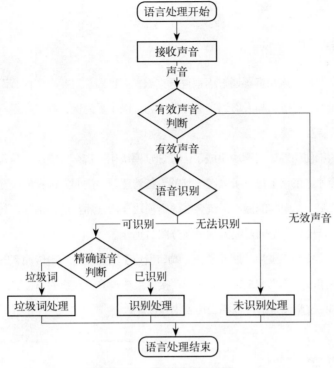

图11-1 语音识别处理流程

都被集成在语音识别模块上。当然，语音识别技术只是解决了机器人听和理解的能力。想要真正实现人类与机器人无障碍语音交流还需要让机器人具有说话的能力，这要用到语音合成技术。一般来说，语音识别模块和语音合成模块会集成在同一块语音板上。

最后，语音识别和声纹识别的区别在于前者是对语音的内容进行识别，而后者又被称为说话人识别，是一种通过对说话人的说话方式、声音特征进行分析、辨认，确认其身份的生物识别方法。

（三）语音合成

语音合成是指利用信号建模或语音生理建模的方式将人类语音通过机械、电子方法进行人工生成。当下流行的TTS（文本到语音转化系统）就是一种语音合成，它可以将文本信息转换为流利的、人们听得懂的语言输出。这一过程涉及声学、语言学、数字信号处理、计算机科学等多门学科。语音合成主要解决了如何将文字信息转化为可听的声音信息的问题，从而让机器人开口说话。语音合成需要专业的硬件和合成软件才能够完成。

（四）语音交互

语音交互是指人与机器通过语音进行交流，而机器一旦拥有了语音识别能力和语音合成能力就具备了与人类语音交互的能力。以小曼为例，简单介绍一下如何建立一个语音交互系统。

小曼内部使用的语音模块集成了语音识别模块和语音合成模块。语音模块需要与电脑连接才能正常工作，所以在电脑的设备管理器中需要为语音模块安装驱动程序。通常情况下，电脑的操作系统会在语音模块连接之后自动识别并安装相应的驱动程序。语音模块与电脑连线见附录部分图11所示。

驱动程序安装完成后，还需要在【端口设置】页面进行端口传输率的设置（通常情况下使用波特率为115 200）。这样，接下来在电脑上创建的语音交互程序才能通过连接端口按照设定的传输率上传到语音模块。

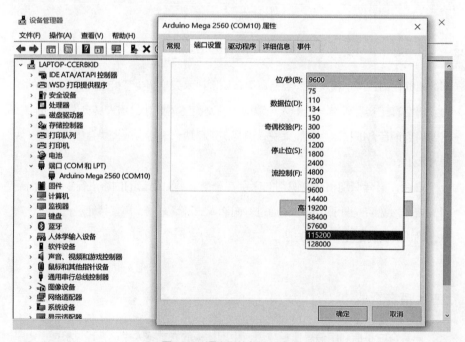

图11-2 语音模块的端口设置

语音模块的生产商一般都会提供交互式图形编程软件，借助这些软件可以对一些参数，如麦克风的灵敏度、输出音量、朗读音库、音高、语速、语音文件格式等进行配置。同时，还可以按照应用场景编写需要合成语音的文字，调整语音的音效。

下面将为小曼设计一个简单的语音交互情景，先看一下交互情景的流程图，如图11-3所示。

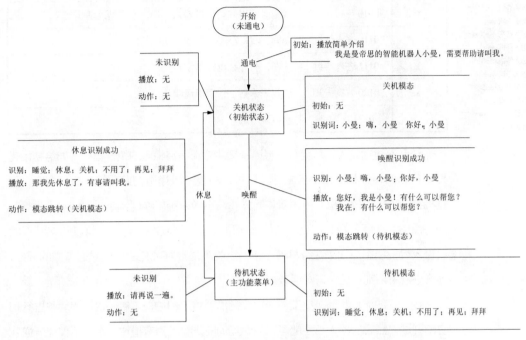

图11-3　语音交互情景流程图

整个流程可以简单归纳成三个状态：

1. 小曼机器人在通电后先做简单介绍，告知唤醒方法并进入关机状态。

2. 通过呼叫机器人名字，让小曼从关机状态进入待机状态，等待接收语音指令。

3. 接收到关机指令，从待机状态进入关机状态。

为了实现这样一个语音交互小程序，需要为其建立2个模态：**关机模态**和**待机模态**。**关机模态**是通电后的默认模态，所以类型上属于初始模态，其他模态在类型上都属于普通模态，**待机模态**就是一种普通模态。接着要为每个模态建立识别词条列表，如**唤醒识别**的词条可以是"小曼""嘿，小曼！""你好，小曼！"。在关机状态下一旦以上三个词条中的一个被识别出来，机器人就会从关机模态进入待机模态。

模态和识别词条列表建立完毕后语音识别部分就完成了，接着要为语音合成部分建立语音库。语音库里包含了整个应用场景会用到的语音文件。目前，普遍使用的是mp3格式的语音文件，wav格式的语音文件也会被一些语音板支持。当然，也可以使用音频转换软件在不同格式音频之间进行转换。表11-1是这个语音交互情景所使用语音文件的列表。

表11-1　语音文件列表

序　号	文件名	内　容
1	0010开机介绍	我是曼帝思的智能机器人小曼，需要帮助请叫我。
2	0110进入待机	您好，我是小曼！有什么可以帮您？
3	0111进入待机	我在，有什么可以帮您？
4	0120关机告知	那我先休息了，有事请叫我。
5	0121未识别	请再说一遍。

0010开机介绍.mp3
0010开机介绍.wav
0110进入待机.mp3
0110进入待机.wav
0111进入待机.mp3
0111进入待机.wav
0120关机告知.mp3
0120关机告知.wav
0121未识别.mp3
0121未识别.wav

语音库建立完成以后就可以将语音文件分别指定相应的执行指令，如给**初始化指令**分配**0010开机介绍**语音文件。这样，小曼一旦通电初始化就会执行指令，通过机身的喇叭播放开机介绍语音。同样，在小曼识别出唤醒词条后也会与人进行互动，说出"您好，我是小曼！有什么可以帮您？""我在，有什么可以帮您？"，然后进入待机模态。如果在待机模态下，小曼不能理解或无法识别对话者说的词条，她会进行未识别处理，请对话者再说一遍。

按设计的流程将整个交互情景完成后需要将工程编译下载到语音模块并进行相应的调试，然后机器人小曼就可以和你互动啦。有了语言模块，小曼不仅能听懂我们说的话，还能给出适当的回应，真正做到与人类"无障碍交流"。

二、语音识别和语音合成的应用场景

语音识别和语音合成技术是人与机器人通过语音互动必不可少的两大模块。它们的结合构建了更加广泛和复杂的应用场景。

- 地图导航（高德地图中林志玲的语音导航）

- 语音助手（Apple Siri、Google Assistant、微软Cortana等）

- 语音拨号（现代智能手机几乎都有的一项功能）

- 语音搜索（谷歌语音搜索、百度语音搜索等）

- 小说、新闻朗读（书旗、百度小说等）

- 智能音箱（Amazon Alexa、天猫精灵、Google Home、Apple Pod Home等）

- 语音实时翻译

- 各种大大小小的客服、呼叫中心，甚至机场广播、地铁公交车报站
- 说话人声转换（电影 Mission Impossible 中特工使用的变声器）
- 语音频带拓展（在频带受限的情况下可以大幅度提高通话质量）
- 歌唱语音合成（前些年在日本很火的虚拟形象——初音未来）
- 耳语语音合成（whisper）
- 方言识别与合成（上海话、粤语，甚至古代汉语发音等）
- 动物叫声的合成

三、知识拓展

日常生活环境充满各种各样的声音，通过声音人们进行交谈、表达思想感情以及开展各类活动。

生活中声音无处不在，这是因为物体的振动会产生声波，声波通过介质继续传播被人或动物的听觉器官接收并感知。传播声音的介质可以是空气、液体、固体，但是，在真空中声音不能传播。

人类的耳朵位于头部两侧，具有接收并辨别振动的功能，它们可以将接收到的声音转换成神经电信号传输给大脑。人类听觉所能识别的声波振动频率为16赫兹—20 000赫兹，通常人类听觉能力会随年龄的增大而降低。例如，小孩子能听到20 000赫兹的声波，而50岁以上的中老年人最高只能听到13 000赫兹的声波。

四、实践与思考

请同学们按照上面所学知识，自行设计一个程序来控制语音模块发声，预先录制几首唐诗和歌曲，用话筒说出想要听的歌曲后，小曼能自动地播放出相应的声音，并把设计的程序写在方框中。

我的设计思路：_____

第十二章

智能机器人未来展望

1956年在达特茅斯会议上，科学家们探讨用机器模拟人类智能等问题，并首次提出了人工智能概念，AI（人工智能）的名称和任务得以确定。

人工智能的发展几经沉浮，随着核心算法的突破、计算能力的迅速提高以及海量互联网数据的支撑，人工智能在21世纪迎来质的飞跃，成为全球瞩目的科技焦点。

2016年3月，AlphaGo对战世界围棋冠军、职业九段选手李世乭，并以4：1的总比分获胜，预示深度学习技术的成熟。AlphaGo与人类对弈并不是简单的游戏胜负之争，而是Google研发人员提供智能算法，使其具备最关键的"深度学习"功能，构建了AlphaGo独有的Value Networks（价值网络）和Policy Networks（策略网络）两个深度神经网络系统。其中，Value Networks评估棋盘选点位置，Policy Networks选择落子。这些神经网络模型利用一种新的训练方法，结合比赛中学到的棋谱，以及在自我对弈过程（Self-Play）中进行强化学习。

现在的智能机器人就是依托人工智能技术发展的完美实现。智能机器人至少要具备三个要素：感觉要素、反应要素和思考要素。首先，它们具有发达的"大脑"，我们称之为中央处理器。其次，它们具备形形色色的内部和外部信息传感器。最后，它们按照工程学、材料学和设计学的原理，外表设计可能有所不同，如日本阿西莫机器人、美国的机器狗、中国的花花机器人等。智能机器人的发展得益于智能算法、工程技术、制造科技的智能技术的提高。

当今社会越来越多的领域和岗位需要智能机器人参与，智能机器人学习和研发变得越来越重要。本章介绍智能机器人未来发展的关键技术、未来发展方向和应用前景等知识，为同学们以后的专业选择或科研深造奠定基础。

一、未来发展的关键技术

随着社会发展的需要和机器人应用领域的扩大，人们对智能机器人的要求也越来越高，智能机器人发展前景广阔。掌握智能机器人发展的关键技术可以洞察其研究方向。

（一）多传感器信息融合

机器人所用的传感器根据检测对象的不同，分为内部传感器和外部传感器两大类。内部传感器：用来检测机器人本身状态的传感器。多为检测位置和角度的传感器，如检测各关节的位置、速度、角度等。外部传感器：用来检测机器人所处环境以及作业对象的状态。如视觉传感器、触觉传感器、力觉传感器、接近觉传感器、听觉传感器。

多传感器信息融合是指在综合来自多个传感器的感知数据后产生更可靠、更准确、更全面的信息。经过融合的多传感器系统能够更加完善、精确地反映检测对象的特性，消除信息的不确定性，提高信息的可靠性。

（二）导航与定位

基于环境理解的全局定位、目标识别和障碍物检测而建立的自主导航是一项重要的核心技术。

定位系统能够通过加速度传感器、陀螺仪、多普勒速度传感器等感知机器人自身运动状态，经过计算得到定位信息或者通过超声传感器、红外传感器、激光测距仪以及视频摄像机等主动式传感器感知机器人外部环境或人为设置的路标，从而得到当前机器人与环境或路标的相对位置，获得定位信息。

（三）路径规划

智能路径规划方法是将遗传算法、模糊逻辑以及神经网络等人工智能方法应用到路径规划中，提高机器人路径规划的避障精度，加快规划速度，满足实际应用的需要。人们使用的GPS定位规划线路是一种初步实现。

（四）机器人视觉

机器人视觉是其智能化最重要的标志之一，对机器人智能及控制都具有非常重要的意义。机器人视觉系统的工作包括图像获取、图像处理和分析、输出和显示。

（五）智能控制

机器人正向着智能化方向发展，未来的智能机器人将具有与人类似的行走能力，具有视觉、听觉、触觉等感觉能力，并且具有自主学习、自主决策能力，这些对机器人的控制提出了更高的要求，必须采用智能控制系统，而目前智能控制技术的发展也为机器人的智能控制提供了可能。机器人的智能控制方法有模糊控制、神经网络控制、智能控制技术的融合等。

（六）人机接口技术

目前，文字识别、语音合成与识别、图像识别与处理、机器翻译等人机接口技术已经取得了显著成果。人机接口技术研究人与计算机的交流情况。除了最基本的要求机器人有友好、灵活方便的人机界面外，还要求计算机能够看懂文字、听懂语言、说话表达，甚至能够进行不同语言之间的翻译。良好的人机接口是未来机器人发展的研究重点之一。

二、智能机器人的发展趋势

通过对智能机器人关键技术的分析，可以预测未来的发展方向，目前主要有以下三个发展方向。

（一）关键部件和核心技术的发展

在一些核心技术上机器人的标准化发展。例如，仿真功能、方向感知、心情管理、生物神经系统理论与方法研究等使机器人传感器的性能有了较大改观。

（二）机器人网络化

机器人网络化是未来机器人技术发展的重要方向之一。一方面，利用互联网技术对机器人实现联网操作，并通过网络对其进行有效控制，实现多机器人协作，能够更快、更好地完成任务。另一方面，在一些相对复杂的环境条件下，实现对计算机的远程网络控制，作业项目能靠多台机器人协同完成，这也是未来机器人技术发展的主要方向。

（三）更好的交互方式

人类与机器人的交互需要更加简单化、多样化、人性化、智能化，因此需要研究设计自然语言、文字语言、图像语言、手写字识别等，采用更加人性化的方式与用户互动交流，保证人与机器之间信息交流的协调性。

三、智能机器人的具体应用

智能机器人在具体应用中分为工业机器人和服务机器人。

（一）工业机器人

工业机器人代替人工完成各类繁重、乏味或有害环境下的体力劳动，最大限度减少人工参与，提高生产效率。

工业机器人是一种通过编程实现自动运行，具有多关节或多自由度，并且具有一定感知功能的机械工具，能实现对环境和工作对象的自主判断和决策。工业机器人应用领域由汽车、电子、食品包装等传统领域逐渐向新能源电池、环保设备、高端装备、生活用品、仓储物流、线路巡检等新兴领域加快布局。适用于多品种、变批量的柔性生产，对产品稳定性和一致性方面有显著提升。

（二）服务机器人

服务型智能机器人的发展将对人们未来生活的以下四个方面产生重大影响。

1. 人口老龄化问题

全球人口的老龄化将给社会带来大量问题，如社会保障和医疗服务、护理的需求更加紧迫等，但现实中医疗护理人员的数量却明显不足。在这种激化的冲突之中，服务机器人作为最佳的解决方案有巨大的发展空间。

2. 劳动力供给不足问题

由于发达国家的劳动力成本不断上涨，而且人们不愿意从事清洁、护理、保安等简单重复性高的工作，导致从事这类工作的人越来越少，形成了巨大的人员缺口，因此劳动力不足为服务机器人带来了巨大的发展市场。

3. 幸福生活指数提升问题

随着经济发展水平的提升，人们可支配收入增加，为了提升生活的幸福指数，获得更多的空闲或者娱乐时间，人们愿意购买更多的服务机器人，让机器人替代人去做各种家务劳动。

4. 科技水平发展问题

随着物联网感知技术、移动互联网无线通信技术以及大数据挖掘和人工智能技术的成熟，智能机器人更新换代的速度越来越快，成本不断下降，能实现的功能也将越来越多。

未来随着技术的发展，智能机器人将遍及社会各个角落，每个人都能感受到智能机器人应用给人们生活上带来的便利。

四、思考与探索

1. 在了解完当下人工智能和机器人技术的研发状况以及未来可能的发展情况后，同学们是不是能够分析一下，为什么至今为止科幻电影中的飞行汽车和钢铁侠还不能被实现呢？

2. 人工智能技术和机器人技术的发展是否比你们所意识到的更具挑战性呢？你对哪些领域的技术研究更感兴趣呢？

3. 同学们也可以仔细观察周围环境，思考哪些活动可以运用机器人来代替人，哪些活动无法用机器人来代替人，并把这些内容写在下面方框中。

后　记

机器人小曼利用发光二极管实现眼睛闪烁、直流电机实现双脚的行走、舵机实现双臂的拥抱、灰尘传感器实现污染监管、超声波传感器实现距离测定、温湿度传感器实现环境监测、语音模块实现语音交互，最后通过LCD显示器实现文字交谈。通过对本教材十二章内容的系统学习，同学们已经掌握了如何使用Arduino开发板来实现机器人编程的基本方法。

本书作为小曼机器人系列产品的教材之一，为同学们提供了在Arduino开发板上运用元器件进行程序编写的基本思路和方法。这只是第一步，希望同学们通过学习能够举一反三，为今后在计算机或人工智能等科技领域进一步深入研究打好基础。接下来，我们还将陆续推出更加智能化的小曼智能车、小曼与互联网、小曼机械臂等产品，这些产品将会对同学们的编程能力和思考能力提出更高要求。

本书代码利用Arduino IDE提供的类C语言编程方式来实现，在讲授本教材过程中发现，对于没有接触过编程语言或编程能力不强的同学，如果能对每一章代码内容详细阅读，认真完成课后实践与思考内容最终能够全面掌握本书知识点。而对于有一定编程能力的同学，通过讲解和仔细阅读文中关于自带类库和第三方类库的导入和函数实现方法，将使编程能力如虎添翼。对于未来产品，我们将运用Python语言来实现，编程将更加灵活有趣，更有创造性。

未来的世界会因为飞速发展的先进科学技术而变得越来越美好，未来的世界是如此令人憧憬，令人向往！努力学习和掌握制造智能机器人的技术和方法，不断深入研究和开发新型智能机器人，我们将拿到开启未来之门的钥匙。

特别感谢孙剑忠、丁星坤、何英德等人对本书撰写以及图片编辑等工作的大力支持，他们的帮助有效地保障了本书的顺利出版。

参考文献

1）中国电子学会. 智能硬件项目教程——基于Arduino [M]. 北京：北京航空航天大学出版社，2019.

2）吴建平. 传感器原理及应用（第3版）[M]. 北京：机械工业出版社，2017.

3）李艳红，李海华. 传感器技术及应用[M]. 北京：北京理工大学出版社，2010.

4）李开复. AI·未来[M]. 杭州：浙江人民出版社，2018.

5）陈吕洲. Arduino程序设计基础[M]. 北京：北京航空航天大学出版社，2015.

6）李永华，王思野，乔媛媛. Arduino案例实战（卷Ⅰ）[M]. 北京：清华大学出版社，2017.

7）李永华. Arduino案例实战（卷Ⅵ）[M]. 北京：清华大学出版社，2019.

8）吴汉清. Arduino图形化编程进阶实战[M]. 北京：人民邮电出版社，2017.

9）刘伟善. Arduino创客之路——智能感知技术基础[M]. 北京：清华大学出版社，2018.

10）陈杰，姚琦，李晓坤. Arduino与通用技术[M]. 北京：清华大学出版社，2017.

11）肖明耀，夏清，郭惠婷，高文娟. 创客训练营Arduino Mega2560应用技能实训[M]. 北京：中国电力出版社，2018.

12）Jonathan Oxer, Hugh Blemings.Arduino实战入门手册　智能硬件制作项目大全[M].张佳进，王卓，孙超等，译.北京：人民邮电出版社，2016.

13）Tero Karvinen, Kimmo Karvinen, Ville Valtokari. 传感器实战全攻略　41个创客喜爱的Arduino与Raspberry Pi制作项目[M]. 于欣龙译.北京：人民邮电出版社，2016.

14）Emery Premeaux. Arduino晋级应用指南：了不起的Arduino制作项目[M]. 莫红楠，何静等，译.北京：人民邮电出版社，2016.

15）埃文斯. Arduino编程从基础到实践[M]. 扬继志，郭敬译.北京：电子工业出版社，2015.

16）Dale Wheat，翁恺. Arduino技术内幕[M]. 北京：北京人民邮电出版社，2013.

17）Wolfgang Ertel. Grundkurs Künstliche Intelligenz: Eine praxisorientierte Einführung(Computational Intelligence)[M]. Springer Vieweg; Auflage: 4., 2016.

18）Jerry Kaplan. Künstliche Intelligenz: Eine Einführung[M]. mitp; Auflage: 1., 2017.

19）Phillip Kuhlmann. Künstliche Intelligenz: Einführung in Machine Learning, Deep Learning, neuronale Netze, Robotik und Co.[M]. Independently published, 2018.

20）Fabian Raschke. Künstliche Intelligenz: Einblick in Machine Learning, Deep Learning, Neuronale Netze, NLP, Robotik und das Internet der Dinge[M].

Independently published, 2019.

21）Brian W. Kernighan and Dennis Ritchie, The C Programming Language[M]. Markt + Technik Verlag; Auflage: 2., 2000.

22）Michael Margolis. Arduino Cookbook[M]. O'Reilly and Associates; Auflage: 2., 2012.

23）Peter Prinz. C-Das Übungsbuch: Testfragen und Aufgaben mit Lösungen[M]. mitp; Auflage: 2., 2018.

24）Thomas Brühlmann. Arduino Praxiseinstieg[M]. mitp; Auflage: 3., 2015.

25）Markus Knapp. Roboter bauen mit Arduino: Die Anleitung für Einsteiger[M]. Rheinwerk Computing; Auflage: 2., 2016.

26）Michael Bonacina. Arduino Handbuch für Einsteiger: Der leichte Weg zum Arduino-Experten[M]. CreateSpace Independent Publishing Platform; Auflage: 1., 2017.

27）Wolf D Schmidt. Sensorschaltungstechnik[M]. Vogel Communications Group GmbH & Co. KG; Auflage: 3., 2007.

28）Daniel Knox, Volker Haxsen. Roboter selbst bauen: 13 Bot-Anleitungen für Maker[M]. dpunkt.verlag GmbH; Auflage: 1., 2018.

29）Chao Pan. Deep Learning Fundamentals: An Introduction for Beginners[M]. AI Sciences Publisher; 2018.

30）Ray Rafaels. Cloud Computing 2nd Edition[M]. CreateSpace Independent Publishing Platform; Auflage: 2., 2018.

31）H.-R- Tränkler, L. M. Reindl. Sensortechnik-Handbuch für Praxis und Wissenschaft[M]. Springer Vieweg; 2014.

32）Byron Reese. The Fourth Age: Smart Robots, Conscious Computers, and the Future of Humanity[M]. Atria Books; Auflage: Export, 2018.

33）Max Tegmark. Life 3.0: Being Human in the Age of Artificial Intelligence[M]. Penguin; 2018.

34）Paul R. Daugherty, H. James Wilson. Human + Machine: Reimagining Work in the Age of AI[M]. Harvard Business Review Press; 2018.

35）Bernard Marr. Artificial Intelligence in Practice: How 50 Successful Companies Used AI and Machine Learning to Solve Problems[M]. Wiley; Auflage: 1., 2019.

附　录

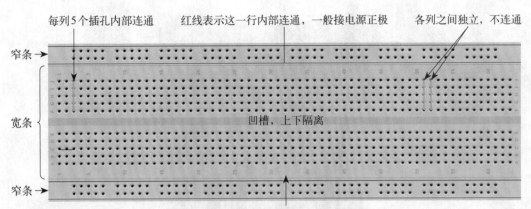

每列5个插孔内部连通　　红线表示这一行内部连通，一般接电源正极　　各列之间独立，不连通

窄条 →

宽条 ⎰

凹槽，上下隔离

窄条 →

蓝线表示这一行内部连通，一般接电源负极

图1　面包板

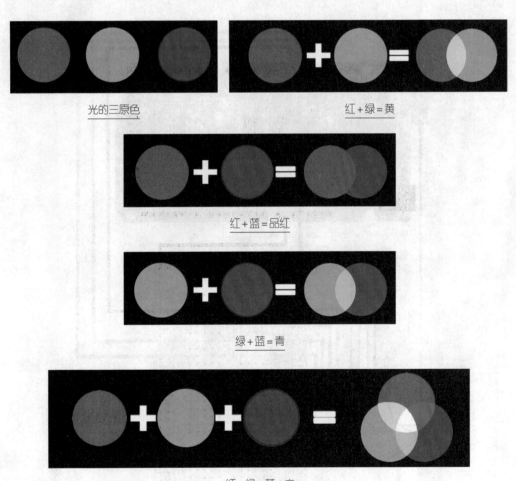

光的三原色

红+绿=黄

红+蓝=品红

绿+蓝=青

红+绿+蓝=白

图2　光的三原色和色光叠加原理

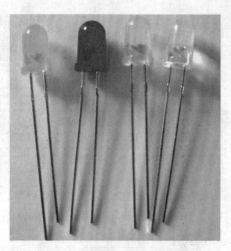

图3 不同颜色的发光二极管

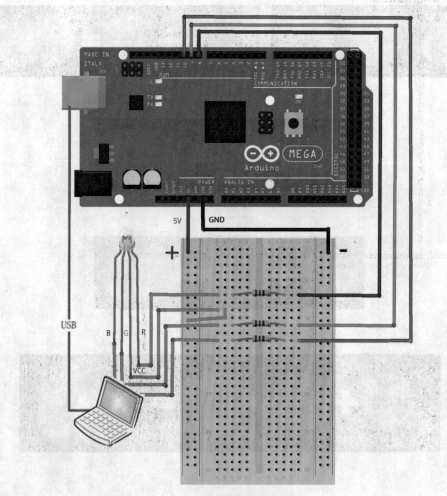

图4 小曼眨眨眼电路图

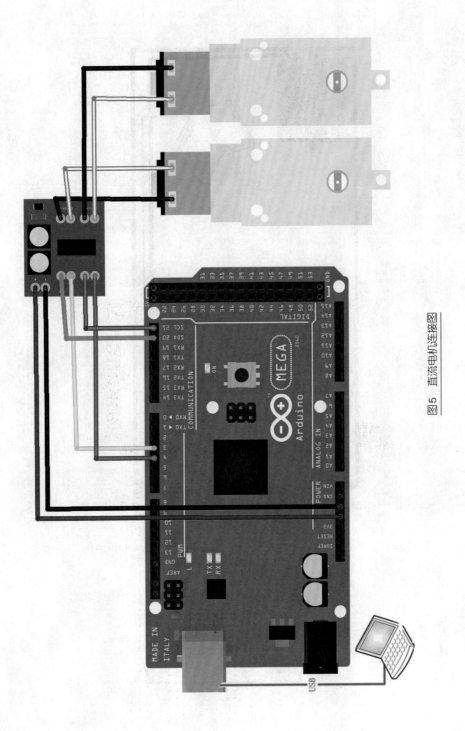

图5 直流电机连接图

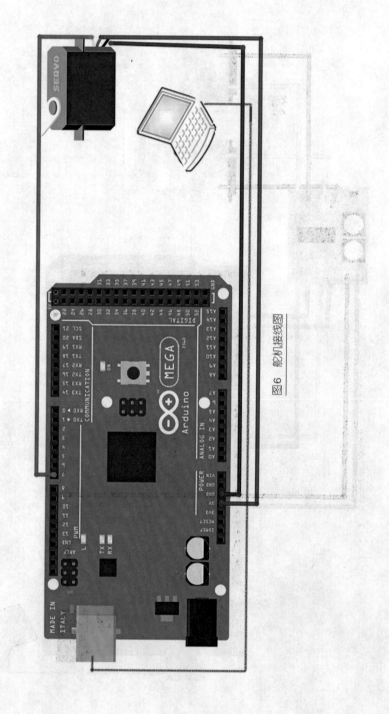

图6 舵机接线图

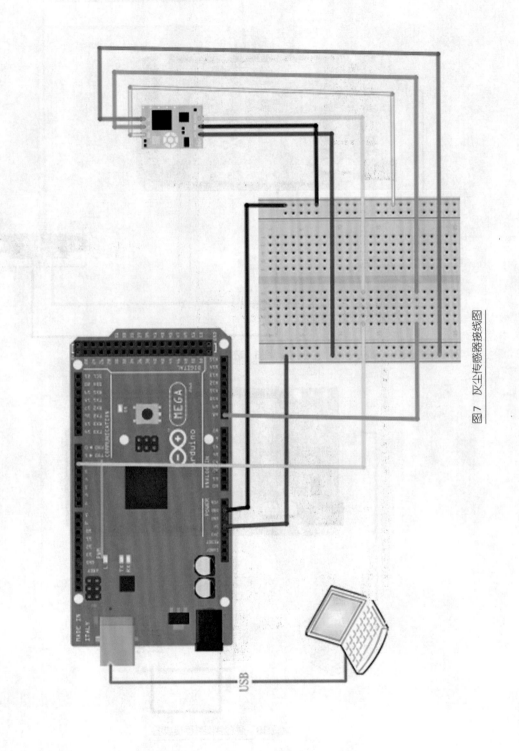

图7 灰尘传感器接线图

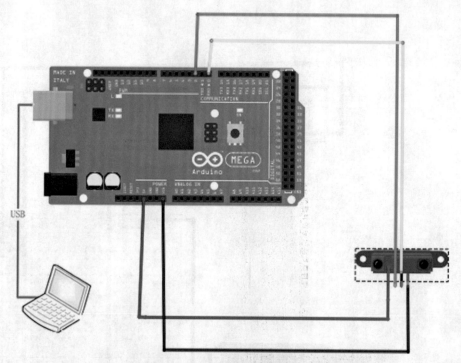

图8　超声波传感器接线图

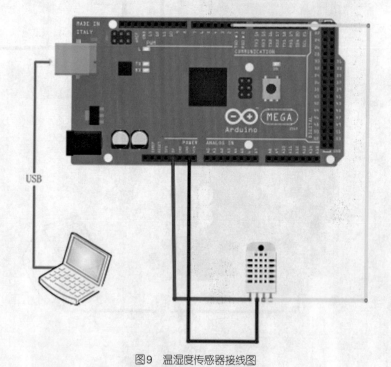

图9　温湿度传感器接线图

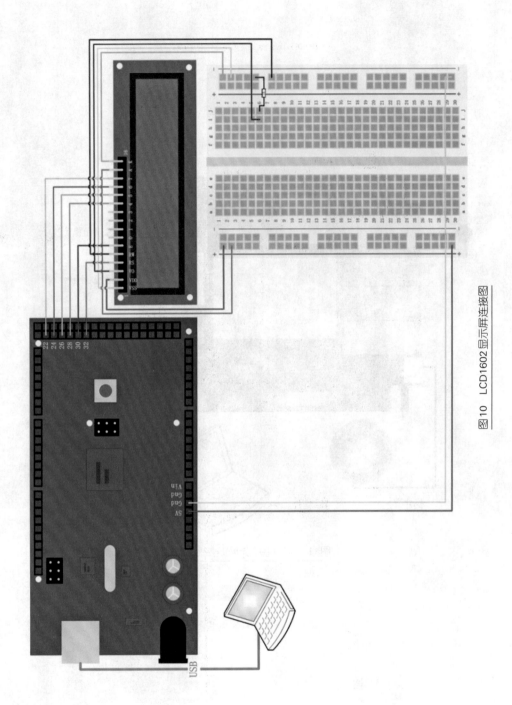

图 10 LCD1602 显示屏连接图

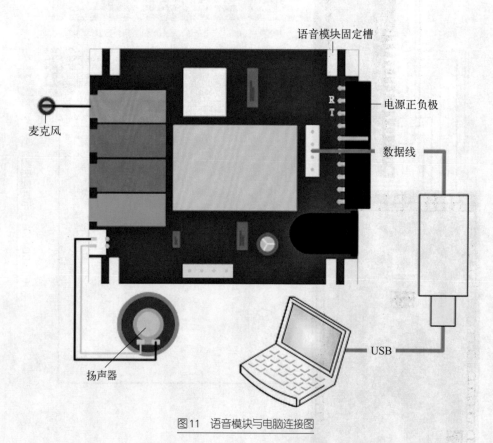

图11　语音模块与电脑连接图

图书在版编目（CIP）数据

智能机器人基础 / 汤嘉敏, 邹亮梁著. — 上海：
上海教育出版社, 2019.8
ISBN 978-7-5444-9397-0

Ⅰ.①智… Ⅱ.①汤… ②邹… Ⅲ.①智能机器人–
基本知识 Ⅳ.①TP242.6

中国版本图书馆CIP数据核字(2019)第170513号

责任编辑　宁彦锋　荼文琼
封面设计　金一哲

智能机器人基础
汤嘉敏　邹亮梁　著

出版发行　上海教育出版社有限公司
官　　网　www.seph.com.cn
地　　址　上海永福路123号
邮　　编　200031
印　　刷　上海展强印刷有限公司
开　　本　787×1092　1/16　印张　9.5
字　　数　175千字
版　　次　2019年8月第1版
印　　次　2019年8月第1次印刷
书　　号　ISBN 978-7-5444-9397-0/T.0026
定　　价　48.00元

如发现质量问题，读者可向工厂调换　电话：021-64377165